发型基础

主　编　税明丽　王吴威　许小东
副主编　唐玉婷　吴　晓　胡　兵
参　编　冯永忠　阳安杰　崔　姚
　　　　晏星秋
主　审　洪　波　冯永忠

北京理工大学出版社
BEIJING INSTITUTE OF TECHNOLOGY PRESS

内 容 提 要

本书紧紧围绕高素质技术技能型人才培养目标，对接专业教学标准和"1+X"职业能力评价标准，精选市场典型项目案例，结合企业员工实际工作中需要解决的一些技术应用与设计创新的基础性问题，以项目为纽带、任务为载体、工作过程为导向，科学组织教材内容，进行教材内容模块化处理，注重课程与课程之间的相互融通及理论与实践的有机衔接，开发工作页式工单，形成了多元多维、全时全程的评价体系，并基于互联网，融合现代信息技术，配套开发了丰富的数字化资源。本书共分为概述、头部清洁服务、吹风造型服务、电夹板造型服务、电卷棒造型服务、组合造型服务6大模块。

本书可作为高等院校人物形象设计专业的教学用书，也可作为企业员工培训的参考资料。

图书在版编目（CIP）数据

发型基础 / 税明丽，王昊威，许小东主编.--北京：
北京理工大学出版社，2024.6
　　ISBN 978-7-5763-3065-6

　　Ⅰ.①发…　Ⅱ.①税…②王…③许…　Ⅲ.①发型－
制作－高等学校－教材　Ⅳ.①TS974.21

　　中国国家版本馆CIP数据核字（2023）第210705号

责任编辑：王梦春　　　　　　文案编辑：杜　枝
责任校对：刘亚男　　　　　　责任印制：王美丽

出版发行 / 北京理工大学出版社有限责任公司
社　　址 / 北京市丰台区四合庄路6号
邮　　编 / 100070
电　　话 / （010）68914026（教材售后服务热线）
　　　　　　（010）68944437（课件资源服务热线）
网　　址 / http：//www.bitpress.com.cn
版 印 次 / 2024年6月第1版第1次印刷
印　　刷 / 河北鑫彩博图印刷有限公司
开　　本 / 787 mm×1092 mm　1/16
印　　张 / 14.5
字　　数 / 281千字
定　　价 / 95.00元

图书出现印装质量问题，请拨打售后服务热线，负责调换

  "发型基础"是高等院校人物形象设计专业的一门专业课程，满足双高专业群人物形象设计专业平台课程要求。为建设好该课程，编者学习党的二十大精神，理解党的二十大关于"实施科教兴国战略，强化现代化建设人才支撑"的战略部署，认真研究专业教学标准和"1+X"职业能力评价标准，开展广泛调研，联合企业制定市场需求人才所从事岗位（群）的《岗位（群）职业能力及素养要求分析报告》，并依据《岗位（群）职业能力及素养要求分析报告》，开发《专业人才培养质量标准》，按照《专业人才培养质量标准》中的素质、知识、能力要求，注重发型造型中最基础实用的通识性能力训练，结合新时代人物形象设计专业特色及专业育人目标，依据企业岗位对专业技能的需求，搭建以案例为载体的工作任务式教学情境课程。

  本书面向人物形象设计专业新生和初入时尚行业的人员开设，通过专业认知、专业毛发知识认知、头部洗护基础训练、吹风造型基础训练、电夹板造型基础训练、电卷棒造型基础训练的学习，培养学生在专业洗护、时尚造型、艺术审美等方面的能力，要求学生掌握科学规范的头发基础清洁、不同工具的科学热塑造型等技能，为今后的职业发展和终身学习奠定良好的基础。培养目标对接时尚行业的形象设计师、烫染师、化妆师、洗护专员、美容师、服饰搭配师等。

  本书充分发挥信息技术的优势和特点，全面调动团队成员"乐教"姿态，打造学生"乐学"空间，重构课程模块，确定课程改革建设方向：培养新时代为社会主义服务的时尚造型从业人员。

本书以工作页式工单为载体，强化项目导学、自主探学、合作研学、展示赏学、检测评学，在课程改革、学生地位改革、教师角色改革、课堂改革、评价改革等方面全面改革。本书创新教法，强化技术实现和价值引领的育人实效，深挖与专业属性和任务匹配度高的发型基础知识点，以专业建设和人才培养过程中的育人案例为载体，以教师为主导，以学生为主体，依托任务导向，通过课前任务导学，课中任务引学、自主探学、合作研学、展示赏学、互检评学、重点解学，课后个性拓学，实施"八学教学模式"。在网络育人空间的拓展和使用上，为学生提供相关的学习资源链接，优化自学路径，构建全方位育人载体和学习探索空间。

本书由四川国际标榜职业学院教授、国家二级形象设计师、技师税明丽，四川国际标榜职业学院讲师、美发高级技师、四川省技能人才评价高级考评员王吴威和青岛柏飞丝美容美发投资管理有限公司教育总监许小东担任主编；由四川国际标榜职业学院教师、高级发型师唐玉婷，四川国际标榜职业学院教师、高级发型师吴晓，四川国际标榜职业学院讲师、高级技师、四川省技能人才评价考评员胡兵担任副主编；由四川国际标榜职业学院艺术与设计学院院长洪波和青岛柏飞丝美容美发投资管理有限公司教育总监冯永忠联合担任主审。每一模块由企业和学校人员联合编写，具体编写分工：模块 1 由王吴威、税明丽和许小东联合编写；模块 2 由王吴威和冯永忠联合编写；模块 3 由胡兵和阳安杰联合编写；模块 4 由唐玉婷和崔姚联合编写；模块 5 由吴晓、唐玉婷、王吴威和晏星秋联合编写；模块 6 由王吴威和吴晓联合编写。

由于编者水平有限，书中难免存在不妥之处，恳请各位读者批评指正。

编　者

CONTENTS 目 录

目 录 CONTENTS

模块 1 概述

任务 1.1 专业认知与课程融通探究

1.1.1 任务描述

完成对专业的认知及本课程与专业的融通，理解本课程学习的内涵和意义，为后续课程内容的展开做好准备。

1.1.2 学习目标

1. 知识目标
（1）掌握课程的性质。
（2）认知课程学习中的工具。

2. 能力目标
（1）能理解人物形象设计发型基础课程的内涵。
（2）能理解本课程在专业人才培养中的定位。

3. 素养目标
（1）提升从业人员的行业认同感。
（2）培养信息收集、提取、分析意识。

1.1.3 学习重点难点

1. 重点
课程性质认知。

2. 难点
本课程在人才培养中的定位。

1.1.4 相关知识链接

微课：专业认知与
课程融通探究

1. 发型设计专业方向认知
发型设计专业方向面向美发职业学校、短期培训学校、产品公司、专业沙龙和工作室，培养具有创新意识和良好的职业素养，掌握美发系统专业知识和核心职业能力；熟练操作专业设备，掌握专业应用技术；熟悉服务流程；能胜任发型设计、专业沙龙的服务与管理、专业产品的技术培训、产品销售及专业培训讲师与发型职业教师等岗位的高素质技能型人才。

2. 课程学习作用

通过本课程的学习，将学会运用美发工具的使用，以及能设计出简单的造型效果，提高学生整体的造型能力和发型艺术审美能力，为下个学习科目提供扎实的造型基础。

3. 课程学习内容

专业毛发知识、发质分析、吹风造型、热能造型理论知识、基础吹风造型、基础热能造型、直发造型、卷发造型、各种造型工具的使用等。

4. 课程学习目标

本课程作为人物形象设计专业的基础课，通过了解课程和专业未来发展，熟悉课程知识构架，了解本行业从业人员需具备的基本素质，提升从业人员的行业认同感，并培养学生爱国主义情怀，树立爱岗敬业的精神，从而坚定崇高的职业理想。

5. 课程学习中使用的工具

吹风机、电卷棒、电夹板；三脚架、公仔头；毛滚梳、钢芯滚梳、尖尾梳、宽齿梳、鸭嘴夹、蝴蝶夹、喷壶；发胶、啫喱膏（发蜡、发泥）。

1.1.5　素养养成

（1）通过对本课程的初步了解，学生能够明确课程学习的内容目标，了解行业发展的需求和方向。

（2）通过学习活动的开展，逐渐培养学生养成信息收集与提取意识和信息分析意识。

1.1.6　任务实施

1. 任务分组

学生任务分配表

班级		组号		指导教师	
组长		学号			
	姓名	学号		姓名	学号
组员					
任务分工					

2. 自主探究

任务工作单 1-1　自主探案

组号：＿＿＿＿＿＿＿　　姓名：＿＿＿＿＿＿＿　　学号：＿＿＿＿＿＿＿

发型设计的职业岗位有哪些	
谈谈发型设计师需要具备的知识与能力	
列举出你所知道的发型造型工具	

3.合作研学

任务工作单1-2　合作研学

组号：_____　　姓名：_____　　学号：_____

合作研学步骤：小组内分享自己的答案，小组讨论，并完成发型设计师需要具备的技术、技能、知识、素养列表的填写。

发型设计师需要具备的技术、技能、知识、素养	
技术	
技能	
知识	
素养	

4.展示赏学

任务工作单1-3　展示赏学

组号：_____　　姓名：_____　　学号：_____

展示赏学步骤：根据目前自己对发型设计的理解，结合课程认知，草拟个人本课程的学习规划，每小组推荐一位代表来分享自己的学习规划。

1.1.7 评价反馈

任务工作单1-4 个人自评表

组号：_____ 姓名：_____ 学号：_____

班级		组名		日期	
评价指标	评价内容			分数	分数评定
信息检索	能有效利用网络、图书资源查找有用的相关信息等；能将查到的信息有效地传递到学习中			10分	
感知课堂生活	理解行业特点，认同工作价值；在学习中能获得满足感			10分	
参与态度	积极主动与教师、同学交流，相互尊重、理解、平等；与教师、同学之间能够保持多向、丰富、适宜的信息交流			10分	
	能处理好合作学习和独立思考的关系，做到有效学习；能提出有意义的问题或能发表个人见解			10分	
知识获得	1.掌握课程的性质			10分	
	2.认知课程学习中的工具			10分	
	3.能理解人物形象设计发型基础课程的内涵			10分	
	4.能理解本课程在专业人才培养中的定位			10分	
思维态度	能发现问题、提出问题、分析问题、解决问题、创新问题			10分	
自评反馈	按时按质完成任务；较好地掌握了知识点；具有较强的信息分析能力和理解能力；具有较为全面严谨的思维能力，并能条理清楚地表达成文			10分	
自评分数					
有益的经验和做法					
总结反馈建议					

任务工作单 1-5　小组内互评验收表

组号：＿＿＿＿＿＿＿　姓名：＿＿＿＿＿＿＿　学号：＿＿＿＿＿＿＿

验收组长		组名		日期	
组内验收成员					
任务要求	完成对专业认知与课程融通的探究				
验收文档清单	被验收者任务工作单 1-1 被验收者任务工作单 1-2 被验收者任务工作单 1-3 文献检索清单				
验收评分	评分标准			分数	得分
	能理解并掌握课程的性质，错 1 处扣 3 分			20 分	
	能认知课程学习中的工具，错 1 处扣 3 分			20 分	
	能理解人物形象设计发型基础课程的内涵，错 1 处扣 3 分			20 分	
	能理解本课程在专业人才培养中的定位，错 1 处扣 3 分			20 分	
	提升了从业人员的行业认同感；培养了信息提取和分析能力，不少于 2 项，缺 1 项扣 5 分			20 分	
评价分数					
不足之处					

任务工作单1-6 小组间互评表

被评组号：_____

班级		评价小组		日期	
评价指标		评价内容		分数	分数评定
汇报 表述		表述准确		15分	
		语言流畅		10分	
		准确反映各组完成情况		15分	
内容 正确度		理论正确		30分	
		操作规范		30分	
互评分数					
简要评述					

任务工作单1-7 任务完成情况评价表

组号：_____ 姓名：_____ 学号：_____

任务名称		专业认知与课程融通探究			总得分		
评价依据		学生完成的任务工作单1-1、任务工作单1-3					
序号	任务内容及要求		配分	评分标准	教师评价		
					结论	得分	
1	能理解并掌握课程的性质	（1）描述正确	10分	缺1个要点扣1分			
		（2）语言表达流畅	10分	酌情赋分			
2	能认知课程学习中的工具	（1）描述正确	10分	缺1个要点扣1分			
		（2）语言表达流畅	10分	酌情赋分			
3	能理解人物形象设计发型基础课程的内涵	（1）理论完整准确	10分	缺1个要点扣2分			
		（2）语言表达流畅	10分	酌情赋分			
4	能理解本课程在专业人才培养中的定位	（1）理论完整准确	10分	缺1个要点扣2分			
		（2）语言表达流畅	10分	酌情赋分			
5	素养评价	（1）沟通交流能力	20分	酌情赋分，但违反课堂纪律，不听从组长、教师安排，不得分			
		（2）团队合作					
		（3）课堂纪律					
		（4）合作探学					
		（5）自主研学					
		（6）行业认同感					
		（7）信息提取能力					
		（8）信息分析能力					

任务 1.2　毛发基础理论认知与发质诊断分析

1.2.1　任务描述

完成对毛发基础理论知识的理解，掌握发质诊断与分析的方法，并完成任务工单。

1.2.2　学习目标

1. 知识目标

（1）理解毛发构造的基础知识。

（2）掌握头发的相关属性和特征。

2. 能力目标

（1）能科学分析和判断发质。

（2）能根据顾客需求和发质情况，建立有效的顾客沟通。

微课：毛发基础理
论认知与发质判断
分析（一）

3. 素养目标

（1）培养爱岗敬业精神。

（2）培养精益求精的钻研精神。

（3）培养理论联系实际、严谨求实的大国工匠精神。

1.2.3　学习重点难点

1. 重点

毛发的种类和毛发的结构。

2. 难点

科学分析和判断发质的方法。

微课：毛发基础理
论认知与发质判断
分析（二）

1.2.4　相关知识链接

1. 毛发的定义和分类

（1）毛发的定义。毛发是长在皮肤上的一种角质，是富有弹性
的细丝状构造物，属于皮肤的附属器官之一。

（2）毛发的分类。

1）绒毛：分布于全身。

2）硬毛：分为长毛（头发、胡须）和短毛（眉毛、睫毛、腋毛、耳毛、鼻毛）。

微课：毛发基础理
论认知与发质判断
分析（三）

2. 头发的分类和构造

发型设计重点的研究对象是毛发中的头发，即利用头发的长度、卷度、色彩搭配，
结合被设计者的年龄、职业、肤色、着装、个性嗜好、发质、喜好，以及季节等特点，
来达到修饰脸型、头型、五官、身材的效果。所以，了解和学习头发的特点，是发型设
计学习的第一步。

（1）头发的分类。头发根据发质不同，可分为刚性头发、棉性头发、沙性头发、油

性头发、卷性头发和中性头发。

1）刚性头发：头发的含水量大，粗硬，弹性较大（极度抗拒性发质）。

2）棉性头发：头发较细软，含水量小（细软发质）。

3）沙性头发：头发含水量小，干燥，发质松散，缺乏弹性。

4）油性头发：头发表面油脂量大，弹性不稳定，耐腐蚀性强。

5）卷性头发：俗称"自然卷"，僵硬且疲软。

6）中性头发：头发有弹性，软硬度适中，分布均匀，有光泽度，是一种健康的理想发质。

（2）头发的构造（图1-1）。头发根据处于皮肤的不同部位，可分为露出皮肤外面的发干和包埋在皮肤内的发根两部分。

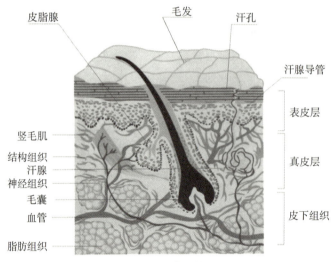

图1-1　头发的构造

1）发干。发干由表皮层（Hair Cuticle）、皮质层（Hair Cortex）和髓质层（Hair Medulla）组成（图1-2、图1-3）。

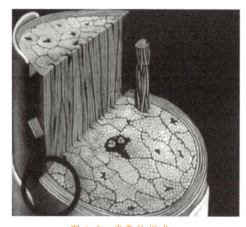

图1-2　发干的组成

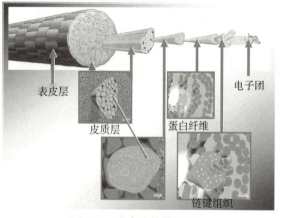

图1-3　头发的链键组织

①表皮层（图1-4）：约占头发的10%，是头发的外衣，呈毛鳞状，对头发起保护

作用，头发的粗硬光泽取决于这一层。表皮层一般可分为3~15层，毛鳞片层数越多，头发越粗硬，毛鳞片闭合越好，头发光泽度越好，遇水和碱，毛鳞片会打开。

②皮质层（图1-5）：约占头发的80%，是头发的主要组成部分，主要由螺旋状蛋白质纤维所形成，含有大量链键，具有弹性及抗力。

头发的皮质层由链键组织组成，常见的链键组织如下：

a.氢键：头发内最弱最多的链键，遇水、拉力而改变，包围着角质蛋白纤维，起到维持头发弹力的作用。

b.二硫化物键：头发内最坚固的键，必须使用化学药剂才能改变，决定头发的形态。

c.盐键：分正负电荷，通过正负极相吸，将每条氨基酸分子链连接在一起，遇高温、拉力而改变。

同时，头发的天然颜色也取决于头发皮质层中存在的麦乐宁色素粒子。头发色素为优麦乐宁（黑色素）和非麦乐宁（红色素）。若头发色素以优麦乐宁为主，则头发呈黑色；若头发色素以非麦乐宁为主，则头发呈红色。优麦乐宁与非麦乐宁都没有，头发则呈白色。

③髓质层（图1-6）：约占头发的10%，主要从头皮吸取营养供头发生长，对烫发不起实质作用。

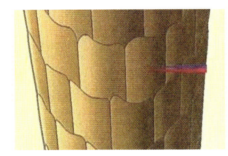  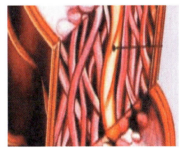

图1-4　表皮层　　　　图1-5　皮质层　　　　图1-6　髓质层

2）发根。发根由毛乳头、毛母、毛球、立毛肌、皮脂腺和汗腺组成。

在头皮的真皮层中，发根与毛囊一同深入的皮脂腺（图1-1），其主要作用是分泌油脂，滋润头发，并且可以根据其分泌的多少来决定头发的属性（中性、油性、干性）。不同人由于皮脂腺分泌油脂多少的不同，可分为油性头发、干性头发和中性头发。

①毛囊：在皮肤表面的开口，呈凹陷的漏斗状，将毛根包住形成鞘状，具有孕育、固定和保护毛发的功能，同时，也是细菌滋生的场所和油污污垢聚集的地方。

②立毛肌：又称竖毛肌，属于不随意肌，即平滑肌的一种。立毛肌的一端接于毛囊的下侧三分之一鼓起处。

③皮脂腺：分泌皮脂的管腺，毛囊内有一个或多个，皮脂分泌量随年龄、性别、体质、气候等而不同，具有保护皮肤和毛发的作用（使毛发和皮肤顺滑有光泽，减少外力的摩擦伤害；防止水分蒸发；皮脂的pH值为4.5~6.0，可防止病原微生物的感染）。

④汗腺：具有分泌汗液、排泄废物、调节体温等作用。

3.头发的生长阶段

（1）头发生长的四个阶段。头发生长分为四个阶段，即生长期、退化期、静止期和自然脱落期。

1）生长期：新生的头发成长时，毛根部的生命力非常旺盛，能持续生长 2~7 年，在此阶段，头发以平均每月 1 cm 的速度生长。

2）退化期：毛囊在此阶段不再有活跃的毛发生长，毛根与毛囊渐渐分离，此阶段经过 2~4 周。

3）静止期：毛发的终点，毛囊进入静止期。在此阶段，头发极易受到外力的作用脱落，静止期会持续 2~4 周。在此阶段，毛囊向下伸展，毛乳头重新进入毛球，毛母细胞开始分裂，新生发开始萌发，持续约数周。

4）自然脱落期：新生发持续生长，推挤旧发脱落。每天人体会自然脱发 50~100 根。

（2）头发的生长速度。头发以每天 0.2~0.5 mm 的速度生长，春天和夏天比秋天和冬天快，女性比男性快，粗发质比细发质快。随着年龄的增长，头发的生长速度也会变慢。

（3）头发的数量。一般头发数量为 9 万~12 万根，因人种不同，亚洲人约为 10 万根，欧美人约为 12 万根。每平方厘米的头皮约生长着 200 根头发；一个人每天所有新生的头发总长约 30 m；人的一生中，所有头发的生长长度约为 500 km。

（4）头发的强度。一根头发的强度可承受 100 g 的质量，它能经受拉扯和拧绞等外力作用。也就是说，平均每个人的头发可承受 10 000 kg 的质量。

（5）头发的健康属性（发质分类）。

1）正常——表皮层完好，各链键正常，吸水性一般（普通发）。

2）抗拒——表皮层完好，各链键牢固、吸水性差（细软，粗硬发）。

3）受损——表皮层鳞片不能闭合，链键部分断开，连接不紧密，吸水性强。

4）极度受损——表皮层完全破坏，链键断开严重，吸水性超强（烫发、染发、漂发）。

（6）头发的物理性质。

1）多孔性：经不当化学处理（烫、染、漂）或不当外力伤害，使毛鳞片外翻打开。

2）吸水性：是指头发吸收水分的能力。正常发含水量约占其重量的 10%，湿发约占 30%（受湿度、长短、粗细、多孔性影响）。

3）粗硬：头发一般为 0.07~0.1 mm，粗则硬，细则柔。

4）弹性：是指头发能拉到最长程度，仍然能恢复其原状的能力。一根头发可拉长 40%~60%，此伸缩率取决于皮质层。

5）张力：是指头发拉到极限而不致断裂的力量。一根健康的头发可支撑 100~150 g 的质量。

6）热效应：是指头发受热后角蛋白质的变化。55 ℃以上开始危险性变化，100 ℃以上出现极端变化，甚至碳化。

（7）头发与营养。

1）碳水化合物：毛母细胞分裂所需，将氨基酸合成为蛋白质必需物。

2）蛋白质：头发99%以上是角蛋白质，1%是矿物质。

3）脂肪：头发生长能源，过多易造成脂漏性脱发。

4）矿物质：促进甲腺激素分泌，帮助头发生长，缺乏会引起脱发。维生素A是皮肤上皮的保护因子，其缺乏会导致细胞停止分裂，形成毛孔性角化症；维生素B、B6、B12是酵素构成成分，促进新陈代谢，其缺乏容易引起皮肤炎；维生素E扩张血管促进血液循环；维生素F促进新陈代谢，其缺乏会引起皮肤炎，影响头发成长，产生脱发；维生素H缺乏会导致皮肤干燥，使头皮屑增加。

（8）脱发（图1-7）成因。

1）油脂分泌过多，毛孔堵塞。

2）营养代谢性脱发（糖或盐过量，蛋白质缺乏，B族维生素缺乏，缺铁、锌，不足或过量的硒、碘）。

3）饮食不正常（多食刺激辛辣）。

4）内分泌或自律神经机能失调。

5）生活紧张，压力大。

6）季节的转变。

7）遗传。

（9）头皮屑（图1-8）的成因。

1）脂溢性皮炎（皮脂分泌过多或过少）。

2）头皮癣、干癣（病理性）。

3）洗发水残留或去油性过强。

4）生活紧张，压力大，睡眠不足，过度疲劳。

5）季节的转变。

6）饮食不正常（多食刺激辛辣）。

7）营养不均衡，缺乏维生素A、B12、B6、H。

8）内分泌或自律神经机能失调。

图1-7　脱发

图1-8　头皮屑

4. 发质的判断

（1）受损发质（图1-9）的特征。

1）观感上：颜色变浅，光泽减少，表皮粗糙、干燥、易打结。

2）形状上：毛鳞片外翻打开，皮质层和髓质层显露，表面分叉，开裂，出现结节性裂毛。

3）物理上：吸水性上升，保湿力降低，水分含量减少，弹性、张力减退，带电性上升。

4）化学上：胱氨酸含量减少，二硫化物键、氢键、盐键结合异常，抗碱力减弱，不易烫卷，易上色，易掉色。

（2）发质诊断（图1-10）的三个环节。发质诊断的三个环节包括观察、触摸和询问。

对顾客的头发进行诊断，首先是观察，然后用手触摸，观察和触摸头发的方法是从头发的根部开始逐渐下移至发尾。分段观察和触摸有助于准确判断其头发在不同位置的状态；再就是询问相关的问题，如烫染史、生理情况、遗传因素、日常护理情况等。

图1-9　受损发质　　　　　　图1-10　发质诊断

（3）发质诊断的维度。

1）手感软或硬。

2）干性、普通或油性发质（尤其要从发根处进行判断，来观察整根头发的油性变化规律）。

3）头发纤维：粗、中等、细。

4）头发的柔软程度或蓬松度。

5）是否易梳理，打结程度。

6）发量与发重（粗发最重，细发最轻，普通头发居中）。

7）是否容易起静电。

8）光泽度判断。

9）是否受损发质/干枯、手感粗糙。

10）发尾分叉情况等。

（4）健康发质与受损发质的区别。健康发质亮泽，柔软，易于护理；而受损发质正好相反。

（5）常见的头发受损情况。

1）机械型损伤：受到外力的拉扯、挤压、摩擦等机械性破坏造成的发质受损（图1-11）。

2）热损伤：通常是在美发造型中，受到美发工具高温所导致的受损（图1-12）。

3）化学损伤：受到酸碱的腐蚀和破坏，头发的结构和属性发生变化而导致的受损（图1-13）。

 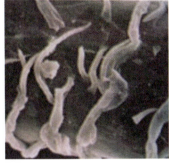 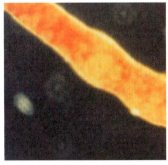

图 1-11　机械型损伤的发质　　图 1-12　热损伤的发质　　图 1-13　化学损伤的发质

1.2.5　素养养成

（1）在掌握相关美发基础知识理论的同时，培养爱岗敬业的职业精神。

（2）在学习发质诊断科学方法的同时，具有精益求精的钻研精神。

（3）在完成相关头发理论拓展学习的过程中，培养理论联系实际、严谨求实的大国工匠精神。

1.2.6　任务实施

1. 任务分组

学生任务分配表

班级		组号		指导教师	
组长		学号			
组员	姓名	学号		姓名	学号
任务分工					

2. 自主探究

任务工作单 1-8　自主探究 1

组号：＿＿＿＿＿＿＿　　姓名：＿＿＿＿＿＿＿　　学号：＿＿＿＿＿＿＿

引导问题 1：个人自主收集关于毛发理论的相关资料，进行分析整理，结合自己的理解，完成以下任务工单。

毛发的分类	
发质的分类	
头发的构造	
头发生长的各个阶段	
与头发相关的特性	

引导问题 2：脱发原因分析。

_____

_____

_____

_____

引导问题 3：头皮屑成因分析。

_____

_____

_____

_____

任务工作单 1-9　自主探究 2

组号：_____　　姓名：_____　　学号：_____

引导问题：从身边的人取样头发，进行初步发质诊断，并完成相关任务工单。

样本信息	姓名：　　　　　年龄：　　　　　性别：
长度	
颜色	
粗细	
弹性	
多孔性	
含水量	
张力	
形态	
蓬松度	
光泽度	
油脂分泌	
烫染史	
发质类别	

3. 合作研学

任务工作单 1-10　合作研学

组号：_____　　姓名：_____　　学号：_____

合作研学步骤：小组交流讨论，教师参与，在小组内找出几种具有典型特征的发质采样，在小组内进行对比分析。

不同发质分析	粗硬发质	细软发质	受损发质	其他发质
长度				
颜色				
粗细				
弹性				
多孔性				
含水量				
张力				
形态				

不同发质分析	粗硬发质	细软发质	受损发质	其他发质
蓬松度				
光泽度				
油脂分泌				
烫染史				
发质类别				

4. 展示赏学

任务工作单1-11　展示赏学

组号：_____　　姓名：_____　　学号：_____

展示赏学步骤1：借鉴每组经验，进一步优化完善发质分析工作任务表格。

不同发质分析	粗硬发质	细软发质	受损发质	其他发质
长度				
颜色				
粗细				
弹性				
多孔性				
含水量				
张力				
形态				
蓬松度				
光泽度				
油脂分泌				
烫染史				
发质类别				

展示赏学步骤2：总结归纳在发质诊断过程中遇到的问题。

_____

_____

_____

_____

1.2.7 评价反馈

任务工作单 1-12 个人自评表

组号：＿＿＿＿＿＿＿ 姓名：＿＿＿＿＿＿＿ 学号：＿＿＿＿＿＿＿

班级		组名		日期	
评价指标	评价内容			分数	分数评定
信息检索	能有效利用网络、图书资源查找有用的相关信息等；能将查到的信息有效地传递到学习中			10分	
感知课堂生活	理解行业特点，认同工作价值；在学习中能获得满足感			10分	
参与态度	积极主动与教师、同学交流，相互尊重、理解、平等；与教师、同学之间能够保持多向、丰富、适宜的信息交流			10分	
	能处理好合作学习和独立思考的关系，做到有效学习；能提出有意义的问题或能发表个人见解			10分	
知识获得	1.理解毛发的构造基础知识			10分	
	2.掌握头发的相关属性和特征			10分	
	3.具备科学分析和判断发质的能力			10分	
	4.具备根据顾客需求和发质情况，建立有效的与顾客沟通的能力			10分	
思维态度	能发现问题、提出问题、分析问题、解决问题、创新问题			10分	
自评反馈	按时按质完成任务；较好地掌握了知识点；具有较强的信息分析能力和理解能力；具有较为全面严谨的思维能力并能条理清楚地表达成文			10分	
自评分数					
有益的经验和做法					
总结反馈建议					

任务工作单 1-13　小组内互评验收表

组号：＿＿＿＿＿＿＿　姓名：＿＿＿＿＿＿＿　学号：＿＿＿＿＿＿＿

验收组长		组名		日期	
组内验收成员					
任务要求	完成毛发基础理论认知与发质诊断分析报告				
验收文档清单	被验收者任务工作单 1-8 被验收者任务工作单 1-9 被验收者任务工作单 1-10 被验收者任务工作单 1-11 文献检索清单				

验收评分	评分标准	分数	得分
	能理解毛发的构造基础知识，错 1 处扣 3 分	20 分	
	能掌握头发的相关属性和特征，错 1 处扣 3 分	20 分	
	具备科学分析和判断发质的能力，错 1 处扣 3 分	20 分	
	具备根据顾客需求和发质情况，建立有效的与顾客沟通的能力，错 1 处扣 3 分	20 分	
	具有爱岗敬业、精益求精的钻研精神；具有理论联系实际、严谨求实的大国工匠精神，不少于 4 项，缺 1 项扣 5 分	20 分	

评价分数	
不足之处	

任务工作单 1-14　小组间互评表

被评组号：_____

班级		评价小组		日期	
评价指标	评价内容			分数	分数评定
汇报表述	表述准确			15 分	
	语言流畅			10 分	
	准确反映各组完成情况			15 分	
内容正确度	理论正确			30 分	
	操作规范			30 分	
互评分数					
简要评述					

任务工作单1-15　任务完成情况评价表

组号：_____　　姓名：_____　　　　学号：_____

任务名称		毛发基础理论认知与发质诊断分析		总得分		
评价依据		学生完成的任务工作单1-8、任务工作单1-11				
序号	任务内容及要求		配分	评分标准	教师评价	
					结论	得分
1	能理解毛发的构造基础知识	（1）描述正确	10分	缺1个要点扣1分		
		（2）语言表达流畅	10分	酌情赋分		
2	能掌握头发的相关属性和特征	（1）描述正确	10分	缺1个要点扣1分		
		（2）语言表达流畅	10分	酌情赋分		
3	具备科学分析和判断发质的能力	（1）理论完整准确	10分	缺1个要点扣2分		
		（2）实操规范科学	10分	酌情赋分		
4	具备根据顾客需求和发质情况，建立有效的与顾客沟通的能力	（1）理论完整准确	10分	缺1个要点扣2分		
		（2）实操规范科学	10分	酌情赋分		
5	素养评价	（1）沟通交流能力	20分	酌情赋分，但违反课堂纪律，不听从组长、教师安排，不得分		
		（2）团队合作				
		（3）课堂纪律				
		（4）合作探学				
		（5）自主研学				
		（6）具有爱岗敬业的精神				
		（7）具有精益求精的精神				
		（8）具有理论联系实际的工作作风				
		（9）具有严谨求实的大国工匠精神				

模块 2
头部清洁服务

项目 2.1　头部除尘洗发准备

任务　头部除尘洗发准备与流程解析

2.1.1.1　任务描述

完成对头部除尘洗发准备相关知识与流程的学习，并完成任务工单。

2.1.1.2　学习目标

1. 知识目标

（1）掌握洗发产品的分类及相关知识。

（2）掌握护发产品的分类和作用原理。

2. 能力目标

（1）能进行良好的顾客沟通与发质分析。

（2）能根据顾客需求和发质情况，熟练实施完整的洗发准备工作。

3. 素养目标

（1）培养以人为本的服务意识。

（2）培养勤俭节约的良好习惯。

（3）培养诚实守信的职业习惯，树立较强的法治意识。

2.1.1.3　学习重点难点

1. 重点

洗发产品的分类与选用。

2. 难点

洗发前的准备流程。

2.1.1.4　相关知识链接

1. 洗发产品的主要成分和分类

在洗发过程中帮助清洁头皮和头发，去掉灰尘、油脂（头皮自然分泌的油脂）、化妆品、喷发胶、死皮细胞和脏物的混合物等，同时，又不会影响头皮或头发健康的产

微课：头部除尘洗发准备与流程解析

品，称为基础洗发产品，如图 2-1 所示。图 2-2 所示为精油洗发产品。

图 2-1　基础洗发产品

图 2-2　精油洗发产品

洗发水又称"洗发香波"。香波是英语"Shampoo"一词的音译，原意为洗发。洗发水的种类很多，其配方结构也是多种多样，它是以各种表面活性剂和添加剂复配而成的，具有很好的护发和美发效果。

国外的洗发水是从 20 世纪 30 年代初期开始出现的。在洗发水出现之前，人们主要以肥皂、香皂、洗衣粉等清洗头皮和头发，其后用椰子油皂制成的液体香波，但是以皂类为基料的洗发用品有许多缺点，特别是在硬水中，以脂肪酸钾为原料的皂类在硬水中遇到钙、镁离子会形成黏腻的沉淀物，在头发上留下不易清洗的残渣；而且用皂类洗头发后头发会发黏、没有光泽、不易梳理。

20 世纪 40 年代初期，以月桂醇硫酸钠为基料制成的液体乳化型洗发水和膏状乳化型洗发水问世。相比香皂、肥皂，洗发水有以下优势：起泡和清洁能力较强，即使在水质较硬的情况下，也能产生丰富的泡沫；易于清洗，不会留下不必要的沉淀物残渣；比皂类产品更温和。

我国的洗发水是在 20 世纪 60 年代初问世的，洗发水成为人们生活中不可缺少的洗发用品。

（1）洗发水的主要成分。

1）水。洗发水之所以能呈现出液态，正是因为其含水量大的缘故，每瓶洗发水中的含水量都在 80% 左右。

2）表面活性剂。表面活性剂是洗发水的主要清理成分，头发能否洗干净的主要决定因素也正是这个表面活性剂。其主要作用是将头发周围的污垢和油脂进行分解，然后随着清洗过程的进行用流水将这些脏东西带离人的头皮，从而达到清洁的效果。

表面活性剂在洗发水的配方中通常分为主表面活性剂和辅助表面活性剂。

阴离子表面活性剂是洗发水最常用的主表面活性剂，如月桂醇硫酸酯盐类（AS）、月桂醇聚醚硫酸酯盐类（AES）、磺基琥珀酸酯盐类等。这些阴离子表面活性剂具有优秀的清洁力，但是脱脂力往往过强，过度使用会损伤头发，因此就需要配备助表面活性剂来降低体系的刺激性、调整稠度、稳定体系。常见的辅助表面活性剂有氧化胺、烷醇酰胺、咪唑啉等。

3）调理剂。调理剂是用来调理头发的化学物质。其主要作用是护理头发，使头发光滑、柔软、易于梳理。常用的调理剂有阳离子聚合物及硅油等。阳离子聚合物是非常理想的调和剂，特别适用于二合一洗发水，其护理机理是通过沉积在头发表面而增加头发的滑感和分散性，对开叉头发也有所修复。而硅油类成分不易降解，容易堵塞毛孔，是导致脱发的原因之一。

4）酸性成分。一般为柠檬酸钠、柠檬酸成分。加入这些成分是为了使洗发水保持合适的 pH 值。酸性 pH 值和头发上微量的负电荷相互作用，以此来帮助毛小皮（即头发表面的一层）保持表面光滑平整。

5）增稠剂。增稠剂的作用是增加洗发水的稠度，获得理想的使用性能，提高洗发水的稳定性等。

6）香精。洗发水中香精的作用，一是掩盖原料气味，二是增添香味。香精是引起皮肤过敏的主要原因之一。

7）防腐剂。一般的洗发水保质期都为三年，为了防止洗发水在有效期内变质，防腐剂也是必不可少的添加物。

8）其他功能添加剂。毛发类功能添加剂包括去屑剂、杀菌剂、防脱剂、各种功效的植物提取物等。

洗发水原料如图 2-3 所示。

图 2-3　洗发水原料

（2）洗发产品的分类。

1）一般洗发水。一般洗发水又称为普通型洗发水，适用于中性发质与健康的头皮，不建议用于化学处理过的头发及受损的头发，它也是洗发水中最基本的种类。

2）控油洗发水。控油洗发水适用于头皮油脂分泌比较多的人群使用，它能有效抑制皮脂腺的分泌，这样头发就不会常常出油，头发也会呈现蓬松状。

3）去屑洗发水。去屑洗发水是指抗头皮屑的洗发水，此种洗发产品能减少细菌滋生、有效去除头皮屑，使用者可再依据不同的头皮属性（油性或干性），选择抗头皮屑专用洗发水。

4）酸性平衡洗发水。酸性平衡洗发水的 pH 值呈弱酸性，它的 pH 值与头发和皮肤的酸碱度相同（4.5~5.5），可以用于清洁所有类型的头发，当然更多的是建议用于干性的脆弱头发及经历了化学处理的头发（如烫发、漂发及染发之后的头发等）。

5）护发洗发水。护发洗发水也称滋养洗发水，洗发的同时也能起到护发的作用，其中含有丰富的蛋白质或其他的营养素，对于过渡吹风整烫的头发，具有保养维护的效果，属性比较温和。

6）药用洗发水。药用洗发水是医生开给顾客的处方，用于治疗头皮和头发病症及异常现象的洗发水。注意：药用洗发水会影响染后发色。

7）烫后洗发水。烫后洗发水能够平衡头发的结构组织，使烫后的头发卷曲形态持久，富有弹性。

8）染色洗发水。染色洗发水既可以为未染色的头发临时增加色调，也可用于改善染后发质。染色洗发水有多种颜色，目前在国内市场中主要以自然黑发的颜色为主，如"一洗黑"就属于染色洗发水。

9）防脱洗发水。在清洁头发的同时在一定程度上刺激毛囊，激活毛母细胞分裂，促进头发的生长。

10）敏感性头皮用洗发水。敏感性头皮用洗发水能防止头皮发炎，保持头皮的天然湿度与平衡，同时强化发质结构，使发丝更加柔顺、光亮、强健。

2. 护发产品

为头发提供养护、修护、保护等帮助的美发产品，统称为护发产品。常见的护发产品有护发素、精华素、发膜（焗油膏）等。

3. 专业除尘洗发准备

（1）迎宾。通常迎宾开始于美发沙龙的大门口，其工作人员站姿收腹挺胸，面带微笑，表示对顾客到访的欢迎。随后指引顾客到达适当的位置就座，并递上茶水等。

（2）顾客咨询。与顾客进行积极有效的沟通，进而了解顾客的需求，了解顾客的发质、发量、发长、风格喜好等，还应咨询顾客头皮是否有过敏史或破损等情况，通过咨询，拉近与顾客之间的距离，消除陌生感，建立信任感，为后续做好服务引导打下良好的基础（图2-4）。

图2-4　顾客咨询

（3）判断发质。通过询问、观察、触摸等手段判断顾客的发质，并能快速匹配适合顾客发质的洗发产品。

（4）防水防护。在洗发过程中为防止水流喷溅，通常会在顾客的肩颈部围上毛巾，或为顾客穿上洗发袍或围上防水围布等（图2-5）。

（5）取下顾客头上所有饰品、眼镜等。

（6）轻轻托住顾客的后背和后颈部，引导顾客缓慢平躺在洗头床或洗头椅上，调整好肩颈部等地方的位置（图2-6），引导顾客放松。随即使用宽齿梳将顾客头发梳理通畅。

图2-5　防水防护

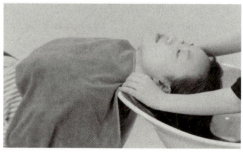

图2-6　调整位置

2.1.1.5　素养养成

（1）在进行服务准备的过程中，培养以人为本的服务意识。

（2）在科学使用美发产品的同时，培养勤俭节约的良好习惯。

（3）在服务训练中，培养诚实守信的职业习惯并树立较强的法治意识。

2.1.1.6　任务实施

1.任务分组

学生任务分配表

班级		组号		指导教师	
组长		学号			
组员	姓名	学号		姓名	学号
任务分工					

2. 自主探究

任务工作单 2-1　自主探究 1

组号：＿＿＿＿＿＿＿　　姓名：＿＿＿＿＿＿＿　　学号：＿＿＿＿＿＿＿

引导问题 1：通过网络收集，了解洗发产品的发展历史。

_____

_____

引导问题 2：通过网络查询，列出当今洗发产品的基本成分及其作用。

_____

_____

引导问题 3：简述洗发产品的分类。

_____

_____

引导问题 4：简述护发产品的分类。

_____

_____

任务工作单 2-2　自主探究 2

组号：＿＿＿＿＿＿＿　　姓名：＿＿＿＿＿＿＿　　学号：＿＿＿＿＿＿＿

引导问题：小组成员体验沙龙洗护，详细记录除尘洗发的服务流程，并总结归纳，列出详细步骤。

体验过的沙龙除尘洗发的准备工作与步骤	
较好的服务体验	
需要改进的服务流程	
你认为的最科学规范的沙龙除尘洗发准备流程	

3.合作研学

任务工作单 2-3 合作研学

组号：＿＿＿＿＿＿ 姓名：＿＿＿＿＿＿ 学号：＿＿＿＿＿＿

合作研学步骤 1： 小组交流讨论，教师参与，小组代表分享，分析讨论如何科学地选择洗发产品，以及选择洗发产品时应注意的事项。

如何科学地选择洗发产品	
选择洗发产品时应注意的事项	

合作研学步骤 2： 阐述除尘洗发服务的规范准备流程。

＿＿＿＿＿＿＿＿＿＿＿＿＿＿＿＿＿＿＿＿＿＿＿＿＿＿＿＿＿＿＿＿＿＿＿＿＿＿

＿＿＿＿＿＿＿＿＿＿＿＿＿＿＿＿＿＿＿＿＿＿＿＿＿＿＿＿＿＿＿＿＿＿＿＿＿＿

＿＿＿＿＿＿＿＿＿＿＿＿＿＿＿＿＿＿＿＿＿＿＿＿＿＿＿＿＿＿＿＿＿＿＿＿＿＿

＿＿＿＿＿＿＿＿＿＿＿＿＿＿＿＿＿＿＿＿＿＿＿＿＿＿＿＿＿＿＿＿＿＿＿＿＿＿

＿＿＿＿＿＿＿＿＿＿＿＿＿＿＿＿＿＿＿＿＿＿＿＿＿＿＿＿＿＿＿＿＿＿＿＿＿＿

4.展示赏学

任务工作单 2-4　展示赏学

组号：_____　　姓名：_____　　学号：_____

展示赏学步骤 1：借鉴每组经验，进一步优化完善洗发产品的选择方法，每小组推荐一名代表来分享小组学习体会。

如何科学地 选择洗发产品	
选择洗发产品 时应注意的 事项	

展示赏学步骤 2：总结归纳专业除尘洗发服务的准备流程。

_____

_____

_____

_____

展示赏学步骤 3：总结归纳在除尘洗发准备流程中的注意事项。

_____

_____

_____

_____

2.1.1.7 评价反馈

任务工作单 2-5 个人自评表

组号：_____ 姓名：_____ 学号：_____

班级		组名		日期	
评价指标	评价内容			分数	分数评定
信息检索	能有效利用网络、图书资源查找有用的相关信息等；能将查到的信息有效地传递到学习中			10分	
感知课堂生活	理解行业特点，认同工作价值；在学习中能获得满足感			10分	
参与态度	积极主动与教师、同学交流，相互尊重、理解、平等；与教师、同学之间能够保持多向、丰富、适宜的信息交流			10分	
	能处理好合作学习和独立思考的关系，做到有效学习；能提出有意义的问题或能发表个人见解			10分	
知识获得	1. 掌握洗发产品的分类及相关知识			10分	
	2. 掌握护发产品的分类和作用原理			10分	
	3. 具备良好的与顾客沟通及分析发质的能力			10分	
	4. 具备根据顾客需求和发质情况，熟练实施完整洗发准备流程的能力			10分	
思维态度	能发现问题、提出问题、分析问题、解决问题、创新问题			10分	
自评反馈	按时按质完成任务；较好地掌握了知识点；具有较强的信息分析能力和理解能力；具有较为全面严谨的思维能力并能条理清楚地表达成文			10分	
自评分数					
有益的经验和做法					
总结反馈建议					

任务工作单 2-6 小组内互评验收表

组号：_____　　姓名：_____　　学号：_____

验收组长		组名		日期	
组内验收成员					
任务要求	头部除尘洗发准备与流程解析				
验收文档清单	被验收者任务工作单 2-1 被验收者任务工作单 2-2 被验收者任务工作单 2-3 被验收者任务工作单 2-4				
	文献检索清单				

验收评分	评分标准	分数	得分
	掌握洗发产品的分类及相关知识，错 1 处扣 3 分	20 分	
	掌握护发产品的分类和作用原理，错 1 处扣 3 分	20 分	
	具备良好的与顾客沟通及分析发质的能力，错 1 处扣 3 分	20 分	
	具备根据顾客需求和发质情况，熟练实施完整洗发准备的能力，错 1 处扣 3 分	20 分	
	具有以人为本的服务意识；具有勤俭节约的良好习惯；具有诚实守信的职业习惯；具有较强的法治意识，不少于 4 项，缺 1 项扣 5 分	20 分	

评价分数		
不足之处		

任务工作单 2-7　小组间互评表

被评组号：_____

班级		评价小组		日期	
评价指标		评价内容		分数	分数评定
汇报表述		表述准确		15分	
		语言流畅		10分	
		准确反映各组完成情况		15分	
内容 正确度		理论正确		30分	
		操作规范		30分	
互评分数					
简要评述					

任务工作单 2-8　任务完成情况评价表

组号：_____　　姓名：_____　　学号：_____

任务名称		头部除尘洗发准备与流程解析		总得分	
评价依据		学生完成的任务工作单 2-1、任务工作单 2-4			
序号	任务内容及要求		配分	评分标准	教师评价
					结论	得分

序号	任务内容及要求		配分	评分标准	结论	得分
1	能掌握洗发产品的分类及相关知识	（1）描述正确	10 分	缺 1 个要点扣 1 分		
		（2）语言表达流畅	10 分	酌情赋分		
2	能掌握护发产品的分类和作用原理	（1）描述正确	10 分	缺 1 个要点扣 1 分		
		（2）语言表达流畅	10 分	酌情赋分		
3	具备良好的与顾客沟通及分析发质的能力	（1）理论完整准确	10 分	缺 1 个要点扣 2 分		
		（2）实操规范科学	10 分	酌情赋分		
4	具备根据顾客需求和发质情况，熟练实施完整洗发准备的能力	（1）理论完整准确	10 分	缺 1 个要点扣 2 分		
		（2）实操规范科学	10 分	酌情赋分		
5	素养评价	（1）沟通交流能力	20 分	酌情赋分，但违反课堂纪律，不听从组长、教师安排，不得分		
		（2）团队合作				
		（3）课堂纪律				
		（4）合作探学				
		（5）自主研学				
		（6）具有以人为本的服务意识				
		（7）具有勤俭节约的良好习惯				
		（8）具有诚实守信的职业习惯				
		（9）具有较强的法治意识				

项目 2.2　头部除尘洗发实操

任务　头部除尘洗发实操要素与解析

2.2.1.1　任务描述

熟练掌握头部除尘洗发实操要素和技术要点，并完成任务工单。

2.2.1.2　学习目标

1. 知识目标

（1）掌握除尘洗发的标准流程。

（2）掌握除尘洗发的安全注意事项。

2. 能力目标

（1）能在洗发过程中与顾客保持良好的沟通。

（2）能熟练实施除尘洗发操作。

3. 素养目标

（1）培养以人为本的服务意识。

（2）培养勤俭节约的良好习惯。

（3）培养吃苦耐劳的职业素养。

（4）树立一丝不苟的工匠精神。

2.2.1.3　学习重点难点

1. 重点

除尘洗发的手法与组合。

2. 难点

洗发手法的连贯性和力度掌握。

微课：头部除尘洗发实操要素与解析

2.2.1.4　相关知识链接

1. 除尘洗发的目的

除尘洗发的目的不仅以洗净头发为主，同时，还要通过专业洗发技巧和按摩技巧以刺激穴位，促进血液循环，从而达到促进头发头皮健康、缓解精神压力、舒服解痒等目的。

2. 除尘洗发的流程

（1）在顾客的肩颈部围上毛巾，或为顾客穿上洗发袍或围上防水围布等。

（2）取下顾客头上所有饰品、眼镜等。

（3）轻轻托住顾客的后背和后颈部，引导顾客缓慢平躺在洗头床或洗头椅上，调整好肩颈部等地方的位置，引导顾客放松。随即使用宽齿梳将顾客头发梳理通畅。

操作视频：头部除尘洗发流程与技术解析

（4）调试水温，以 40 ℃为宜。调节时可用手腕内侧确认水温，将水流少量接触顾客头皮，并询问顾客水温是否合适，在确定好水温后，才可以开始冲洗。

（5）冲洗时要掌握好喷水角度，先沿发际线部位冲湿头发，在发际线周围连蓬头向头顶部方向冲洗，其他部位连蓬头出水方向与头发垂直冲洗，连蓬头距离头皮 5 cm 左右冲水，将头发完全浸入水中。需要注意的是，头皮和头发应充分湿润。冲洗耳朵周围时，注意先用手挡住耳朵再进行冲洗，勿让水流入耳朵。

（6）将适量的洗发水均匀地涂抹在头发各部位。双手沿着发际以画圆圈的方式移动，轻轻揉擦出泡沫。

（7）泡沫布满头发后，再用双手将头发集中在头顶中央，然后手指稍微伸直，配合头型，用指肚轻揉头部，使用专业除尘洗发手法洗净头发。

（8）使用洗发手法清洁头发一段时间后，用水彻底清洗头发。如一次很难洗干净可再重复一次。

（9）将适量护发素均匀地涂抹在头发上，轻揉按摩。注意头皮上不要涂抹过多的护发素，因为护发素过多容易堵塞头皮毛孔，影响头发生长。

（10）将护发素洗净。冲洗方法同洗发中冲水一样，将头发上的护发素冲洗干净。特别注意头皮上不可残留护发素。

（11）使用毛巾轻轻擦拭头发，吸收多余的水分，并将头发包裹在毛巾内。

（12）轻轻托起顾客的后背和后脑，帮助顾客起身，引导顾客至美发椅就座。

（13）轻轻拆开包裹住头发的毛巾，轻轻擦拭头皮和发丝，梳通梳顺头发，为后续的发型造型制作做好准备。

3. 除尘洗发操作的质量标准

除尘洗发质量的要求是将头发洗干净，洗发后发丝蓬松不黏，无头皮屑、污垢（图 2-7）。其基本标准如下：

（1）头发能充分浸润，洗发过程中皂沫丰富均匀。

（2）皂沫不滴淌在顾客的脸部、颈部，不滴淌在围布上。

（3）在洗发中正确、熟练地使用各种手法组合，顾客头部无大幅度颤动，同时注意顾客的感觉，轻重适宜。

（4）冲水时，水流控制柔和，无溅落和流淌现象，顾客衣领等地方干净无浸润。

（5）冲洗后，头发上无残留污垢、泡沫，发丝滑润不黏，擦干后柔顺自然。

（6）洗发完毕后用干毛巾包头，要求毛巾平伏，松紧适宜，不散落（图 2-8）。

图 2-7　洗发基本手法

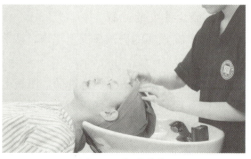

图 2-8　包裹头发

（7）洗发过程中注意个人卫生，与顾客近距离接触时保持佩戴口罩。

2.2.1.5 素养养成

（1）在进行服务准备的过程中，培养以人为本的服务意识。

（2）在科学使用美发产品时，培养勤俭节约的良好习惯。

（3）在服务训练中，培养诚实守信的职业习惯和树立较强的法治意识。

2.2.1.6 任务实施

1. 任务分组

学生任务分配表

班级		组号		指导教师	
组长		学号			
组员	姓名	学号		姓名	学号
任务分工					

2. 自主探究

任务工作单 2-9　自主探究 1

组号：＿＿＿＿＿＿　　姓名：＿＿＿＿＿＿　　学号：＿＿＿＿＿＿

引导问题 1：阐述除尘洗发的目的。

_____

_____

引导问题 2：阐述除尘洗发的流程。

_____

_____

引导问题 3：阐述除尘洗发操作的质量标准。

_____

_____

引导问题 4：阐述除尘洗发的手法与步骤。

_____

_____

任务工作单 2-10　自主探究 2

组号：＿＿＿＿＿＿　　姓名：＿＿＿＿＿＿　　学号：＿＿＿＿＿＿

引导问题：小组成员体验沙龙洗护，详细记录除尘洗发的操作流程，并总结归纳，列出各个步骤的质量标准。

除尘洗发的目的	
较好的服务体验	
需要改进的服务流程	
你认为的最科学规范的沙龙除尘洗发流程	

3. 合作研学

任务工作单 2-11　合作研学

组号：＿＿＿＿＿＿＿　姓名：＿＿＿＿＿＿＿　学号：＿＿＿＿＿＿＿

合作研学步骤 1：小组交流讨论，教师参与，小组代表分享，分析讨论如何科学地选择洗护产品及注意事项。

如何科学地选择洗护产品	
选择洗护产品时应注意的事项	

合作研学步骤 2：概括除尘洗发的规范服务流程。

＿＿＿＿＿＿＿＿＿＿＿＿＿＿＿＿＿＿＿＿＿＿＿＿＿＿＿＿＿＿＿＿＿＿

＿＿＿＿＿＿＿＿＿＿＿＿＿＿＿＿＿＿＿＿＿＿＿＿＿＿＿＿＿＿＿＿＿＿

＿＿＿＿＿＿＿＿＿＿＿＿＿＿＿＿＿＿＿＿＿＿＿＿＿＿＿＿＿＿＿＿＿＿

＿＿＿＿＿＿＿＿＿＿＿＿＿＿＿＿＿＿＿＿＿＿＿＿＿＿＿＿＿＿＿＿＿＿

＿＿＿＿＿＿＿＿＿＿＿＿＿＿＿＿＿＿＿＿＿＿＿＿＿＿＿＿＿＿＿＿＿＿

4.展示赏学

任务工作单 2-12 展示赏学

组号：_____ 姓名：_____ 学号：_____

展示赏学步骤 1：借鉴每组经验，进一步优化完善洗护产品的选择方法，每小组推荐一名代表来分享小组学习体会。

如何科学地选择洗护产品	
选择洗护产品时应注意的事项	

展示赏学步骤 2：总结归纳专业除尘洗发的服务流程。

_____

_____

_____

_____

展示赏学步骤 3：总结归纳在除尘洗发流程中的注意事项。

_____

_____

_____

_____

2.2.1.7 评价反馈

组号：_____　　姓名：_____　　学号：_____

班级		组名		日期	
评价指标	评价内容			分数	分数评定
信息检索	能有效利用网络、图书资源查找有用的相关信息等；能将查到的信息有效地传递到学习中			10分	
感知课堂生活	理解行业特点，认同工作价值；在学习中能获得满足感			10分	
参与态度	积极主动与教师、同学交流，相互尊重、理解、平等；与教师、同学之间能够保持多向、丰富、适宜的信息交流			10分	
	能处理好合作学习和独立思考的关系，做到有效学习；能提出有意义的问题或能发表个人见解			10分	
知识获得	1.掌握洗护产品的分类及相关知识			10分	
	2.掌握护发产品的分类和作用原理			10分	
	3.具备实施除尘洗发操作准备的能力			10分	
	4.具备根据顾客需求和发质情况，熟练实施完整洗发流程的能力			10分	
思维态度	能发现问题、提出问题、分析问题、解决问题、创新问题			10分	
自评反馈	按时按质完成任务；较好地掌握了知识点；具有较强的信息分析能力和理解能力；具有较为全面严谨的思维能力并能条理清楚地表达成文			10分	
自评分数					
有益的经验和做法					
总结反馈建议					

任务工作单 2-14　小组内互评验收表

组号：＿＿＿＿＿＿　　姓名：＿＿＿＿＿＿　　学号：＿＿＿＿＿＿

验收组长		组名		日期	
组内验收成员					
任务要求	完成对头部除尘洗发实操要素与解析				
验收文档清单	被验收者任务工作单 2-9 被验收者任务工作单 2-10 被验收者任务工作单 2-11 被验收者任务工作单 2-12				
	文献检索清单				
验收评分	评分标准			分数	得分
	掌握洗发产品的分类及相关知识，错 1 处扣 3 分			20 分	
	掌握护发产品的分类和作用原理，错 1 处扣 3 分			20 分	
	具备实施除尘洗发操作准备的能力，错 1 处扣 3 分			20 分	
	具备根据顾客需求和发质情况，熟练实施完整洗发流程的能力，错 1 处扣 3 分			20 分	
	具有以人为本的服务意识；具有勤俭节约的良好习惯；具有诚实守信的职业习惯；具有较强的法治意识，不少于 4 项，缺 1 项扣 5 分			20 分	
	评价分数				
不足之处					

任务工作单 2–15　小组间互评表

被评组号：_____

班级		评价小组		日期	
评价指标		评价内容		分数	分数评定
汇报表述		表述准确		15分	
		语言流畅		10分	
		准确反映各组完成情况		15分	
内容正确度		理论正确		30分	
		操作规范		30分	
互评分数					
简要评述					

任务工作单 2-16 任务完成情况评价表

组号：＿＿＿＿＿＿＿＿ 姓名：＿＿＿＿＿＿＿＿ 学号：＿＿＿＿＿＿＿＿

任务名称		头部除尘洗发实操要素与解析			总得分		
评价依据		学生完成的任务工作单 2-9、任务工作单 2-12					
序号	任务内容及要求		配分	评分标准	教师评价		
					结论	得分	
1	能掌握洗发产品的分类及相关知识	（1）描述正确	10 分	缺 1 个要点扣 1 分		
		（2）语言表达流畅	10 分	酌情赋分		
2	能掌握护发产品的分类和作用原理	（1）描述正确	10 分	缺 1 个要点扣 1 分		
		（2）语言表达流畅	10 分	酌情赋分		
3	具备实施除尘洗发操作准备的能力	（1）理论完整准确	10 分	缺 1 个要点扣 2 分		
		（2）实操规范科学	10 分	酌情赋分		
4	具备根据顾客需求和发质情况，熟练实施完整洗发流程的能力	（1）理论完整准确	10 分	缺 1 个要点扣 2 分		
		（2）实操规范科学	10 分	酌情赋分		
5	素养评价	（1）沟通交流能力	20 分	酌情赋分，但违反课堂纪律，不听从组长、教师安排，不得分		
		（2）团队合作				
		（3）课堂纪律				
		（4）合作探学				
		（5）自主研学				
		（6）具有以人为本的服务意识				
		（7）具有勤俭节约的良好习惯				
		（8）具有诚实守信的职业习惯				
		（9）具有较强的法治意识				

模块 3 吹风造型服务

项目 3.1　圆滚梳造型服务

通过学习本项目的内容，完成相应的任务，我们会对圆滚梳造型服务和相关技术手法产生的效果进行基本的认知，在剖析理解了吹风直发造型、吹风内扣造型特征后，进一步深刻理解直发造型、内扣造型的特点，为时尚吹风造型打下坚实的基础。

任务 3.1.1　人物形象直发吹风造型服务流程与技术解析

3.1.1.1　任务描述

了解吹直发的操作流程，掌握吹直发的技术技巧，为后续完成真人吹直发奠定基础。

3.1.1.2　学习目标

1. 知识目标

（1）理解吹直发所产生的造型效果。

（2）掌握吹直发的各造型流程。

2. 能力目标

（1）具备熟练运用操作吹直发造型手法的相关知识。

（2）具备根据顾客需求和发质情况，对吹直发进行个性化打理造型的相关知识。

3. 素养目标

（1）了解本行业从业人员需具备的基本素质。

（2）提升行业认同感。

（3）培养以人为本的服务意识。

（4）培养吃苦耐劳、刻苦钻研、平凡的事情重复做、将一件事情做到极致的精神。

3.1.1.3　学习重点难点

1. 重点

在科学的操作步骤基础上，掌握吹直发的技术技巧，为后续完成真人吹直发奠定基础。

操作视频：直发吹风造型技术解析

微课：人物形象直发吹风造型服务流程与技术解析（一）

微课：人物形象直发吹风造型服务流程与技术解析（二）

2. 难点

吹直发过程中，加热时对"火候"的把握。

3.1.1.4　相关知识链接

1. 工具的准备

吹风机、三脚架、公仔头、毛滚梳、钢芯滚梳、尖尾梳、宽齿梳、鸭嘴夹、蝴蝶夹、喷壶、发胶、啫喱膏（发蜡、发泥）等（图3-1）。

图3-1　所用物品的展示

2. 直发吹风造型的要素

（1）吹直发的效果——直发的效果体现主要是有光泽度、柔顺度，每根头发都是自然垂顺，发尾方向统一向地心方向。

（2）吹直发操作的流程——吹风操作前的物品工具准备→分区固定→划分发片→吹风机和毛滚梳相结合提升发片进行吹直发操作→加热和冷却交替操作→发片间的衔接操作→吹风完成后的梳理造型。

（3）专业吹直发的技术技巧——吹直发的关键点：第一，正确地使用梳子梳理梳顺头发是确保头发质感的重要方法；第二，加热时间控制（图3-2）；第三，控制头发流向发片的提升角度和吹风机送风的方向至关重要（图3-3）。

图3-2　加热点位控制

图3-3　加热过程的提升角度

（4）直发效果的检测标准——整体发丝如瀑布一泻千里，飘逸灵动，发尾处就像针尖一般，手感顺滑，视觉上有亮度。

3. 直发吹风造型技术、服务注意事项

（1）安全用电：安全正确控制好吹风机风嘴与头皮之间的角度，避免烫伤顾客头皮；安全控制好吹风机与头部之间的距离，避免碰到或碰伤顾客头部；安全使用电器，避免出现漏电事故；安全摆放电器设备，避免掉落损坏电器；安全正确使用造型产品，避免造型产品碰到顾客面部或耳部等位置。

（2）在运用圆滚梳的过程中，对发片拉力的松紧质量控制要恰到好处，加热发片时，停留时间的长短对直发效果起决定性作用，然而直发的持久性还与加热后的定型有一定的关联，因此，在吹直发的技术技巧环节中要引起高度重视。

4.直发吹风造型技术解析

需要具备科学吹直发操作步骤的能力——分区（常用的为标准四分区），分份（常用的是水平分份），分配（偏移＋垂直分配），提升角度（角度控制区间 0°~90° 自由切换），吹风机与发片的角度转换（角度区间 0°~90°）进行切换，吹风机与滚梳的配合运用（图 3-4~图 3-9）。

图 3-4　加热前的分区

图 3-5　加热前的分份

图 3-6　发根处吹蓬松

图 3-7　直发正面效果展示

图 3-8　直发侧面效果展示

图 3-9　直发正后面效果展示

3.1.1.5　素养养成

（1）学生在分析吹直发特征时，要树立勇于钻研、积极思考的良好习惯。

（2）学生在分析理解吹直发的呈现效果时，要树立正确的审美观，并要养成良好健康的审美情趣。

（3）学生在吹直发手法训练中，平凡的事情重复做，将一件事情做到极致。

3.1.1.6　任务实施

1. 任务分组

学生任务分配表

班级		组号		指导教师	
组长		学号			
组员	姓名	学号	姓名		学号
任务分工					

2. 自主探究

任务工作单 3-1　自主探究 1

组号：＿＿＿＿＿＿＿＿　　姓名：＿＿＿＿＿＿＿＿　　学号：＿＿＿＿＿＿＿＿

引导问题 1：通过网络收集吹直发发型图片，分析整理出吹直发发型的特点。

形态：

＿＿＿＿＿＿＿＿＿＿＿＿＿＿＿＿＿＿＿＿＿＿＿＿＿＿＿＿＿＿＿＿＿＿＿＿＿＿

＿＿＿＿＿＿＿＿＿＿＿＿＿＿＿＿＿＿＿＿＿＿＿＿＿＿＿＿＿＿＿＿＿＿＿＿＿＿

流向：

＿＿＿＿＿＿＿＿＿＿＿＿＿＿＿＿＿＿＿＿＿＿＿＿＿＿＿＿＿＿＿＿＿＿＿＿＿＿

＿＿＿＿＿＿＿＿＿＿＿＿＿＿＿＿＿＿＿＿＿＿＿＿＿＿＿＿＿＿＿＿＿＿＿＿＿＿

引导问题 2：谈谈吹直发适合什么样的脸型、头型和发质的人群。

＿＿＿＿＿＿＿＿＿＿＿＿＿＿＿＿＿＿＿＿＿＿＿＿＿＿＿＿＿＿＿＿＿＿＿＿＿＿

＿＿＿＿＿＿＿＿＿＿＿＿＿＿＿＿＿＿＿＿＿＿＿＿＿＿＿＿＿＿＿＿＿＿＿＿＿＿

引导问题 3：论述吹直发发型的风格。

＿＿＿＿＿＿＿＿＿＿＿＿＿＿＿＿＿＿＿＿＿＿＿＿＿＿＿＿＿＿＿＿＿＿＿＿＿＿

＿＿＿＿＿＿＿＿＿＿＿＿＿＿＿＿＿＿＿＿＿＿＿＿＿＿＿＿＿＿＿＿＿＿＿＿＿＿

任务工作单 3-2　自主探究 2

组号：＿＿＿＿＿＿＿＿　　姓名：＿＿＿＿＿＿＿＿　　学号：＿＿＿＿＿＿＿＿

引导问题：小组根据教师分配的资料和个人自主收集的资料，分别对资料进行分析，以 PPT 的形式图文并茂地分析出吹直发相关发型的效果特征和风格特点。

吹直发		造型与形态	纹理与流向
效果呈现			
适应性			头型
			脸型
			发质

3. 合作研学

任务工作单 3-3　合作研学

组号：＿＿＿＿＿＿＿　姓名：＿＿＿＿＿＿＿＿　学号：＿＿＿＿＿＿＿

合作研学步骤 1： 小组交流讨论，教师参与，小组代表分享 PPT，分析吹直发的特点，并讨论吹直发的操作方法。

吹直发	特征	风格	适应性
小组讨论与总结			

合作研学步骤 2： 吹直发的操作手法探究。

操作手法	吹直发
头部位置	
分区	
工具摆放	
分份	
发尾控制	
提升角度	
身体站位	

4.展示赏学

组号：_____　姓名：_____　学号：_____

展示赏学步骤 1：借鉴每组经验，进一步优化完善吹直发手法的认知，每小组推荐一名代表来分享小组学习体会。

吹直发	特征	风格	适应性
小组讨论与总结			

展示赏学步骤 2：尝试操作吹直发发片，并总结归纳相关操作技术要领。

操作手法	吹直发
头部位置	
分区	
工具摆放	
分份	
发尾控制	
提升角度	
身体站位	

展示赏学步骤 3：总结归纳在操作中遇到的问题。

_____

_____

_____

_____

3.1.1.7　评价反馈

组号：_____　　姓名：_____　　学号：_____

班级		组名		日期	
评价指标	评价内容			分数	分数评定
信息检索	能有效利用网络、图书资源查找有用的相关信息等；能将查到的信息有效地传递到学习中			10分	
感知课堂生活	理解行业特点，认同工作价值；在学习中能获得满足感			10分	
参与态度	积极主动与教师、同学交流，相互尊重、理解、平等；与教师、同学之间能够保持多向、丰富、适宜的信息交流			10分	
	能处理好合作学习和独立思考的关系，做到有效学习；能提出有意义的问题或能发表个人见解			10分	
知识获得	1. 理解吹直发所产生的造型效果			10分	
	2. 掌握吹直发的各造型流程			10分	
	3. 具备熟练运用操作吹直发造型手法的相关知识			10分	
	4. 具备根据顾客需求和发质情况，对吹直发进行个性化打理造型的相关知识			10分	
思维态度	能发现问题、提出问题、分析问题、解决问题、创新问题			10分	
自评反馈	按时按质完成任务；较好地掌握了知识点；具有较强的信息分析能力和理解能力；具有较为全面严谨的思维能力并能条理清楚地表达成文			10分	
自评分数					
有益的经验和做法					
总结反馈建议					

任务工作单 3-6　小组内互评验收表

组号：＿＿＿＿＿＿　　姓名：＿＿＿＿＿＿　　学号：＿＿＿＿＿＿

验收组长		组名		日期	
组内验收成员					
任务要求	完成并熟练掌握人物形象直发吹风造型服务流程与技术解析				
验收文档清单	被验收者任务工作单 3-1 被验收者任务工作单 3-2 被验收者任务工作单 3-3 被验收者任务工作单 3-4 文献检索清单				
验收评分	评分标准			分数	得分
	理解吹直发所产生的造型效果，错 1 处扣 3 分			20 分	
	掌握吹直发的各造型流程，错 1 处扣 3 分			20 分	
	具备熟练运用吹直发造型手法的能力，错 1 处扣 3 分			20 分	
	具备根据顾客需求和发质情况，对吹直发进行个性化打理造型的能力，错 1 处扣 3 分			20 分	
	了解本行业从业人需具备的基本素质，提升学生行业认同感，培养以人为本的服务意识，吃苦耐劳、刻苦钻研、平凡的事情重复做、将一件事情做到极致，不少于 4 项，缺 1 项扣 5 分			20 分	
评价分数					
不足之处					

任务工作单 3-7 小组间互评表

被评组号：_____

班级		评价小组		日期	
评价指标		评价内容		分数	分数评定
汇报表述		表述准确		15分	
		语言流畅		10分	
		准确反映各组完成情况		15分	
内容正确度		理论正确		30分	
		操作规范		30分	
互评分数					
简要评述					

任务工作单 3-8 任务完成情况评价表

组号：_____ 姓名：_____ 学号：_____

任务名称	人物形象直发吹风造型服务流程与技术解析			总得分	
评价依据	学生完成的任务工作单 3-1、任务工作单 3-4				
序号	任务内容及要求	配分	评分标准	教师评价	
				结论	得分
1	能理解吹直发所产生的造型效果	（1）描述正确	10 分	缺 1 个要点扣 1 分	
		（2）语言表达流畅	10 分	酌情赋分	
2	能掌握吹直发的各造型流程	（1）描述正确	10 分	缺 1 个要点扣 1 分	
		（2）语言表达流畅	10 分	酌情赋分	
3	具备熟练运用吹直发造型手法的能力	（1）理论完整准确	10 分	缺 1 个要点扣 2 分	
		（2）实操规范科学	10 分	酌情赋分	
4	具备根据顾客需求和发质情况，对吹直发进行个性化打理造型的能力	（1）理论完整准确	10 分	缺 1 个要点扣 2 分	
		（2）实操规范科学	10 分	酌情赋分	
5	素养评价	（1）沟通交流能力 （2）团队合作 （3）课堂纪律 （4）合作探学 （5）自主研学 （6）了解本行业从业人员需具备的基本素质 （7）提升行业认同感 （8）培养以人为本的服务意识 （9）吃苦耐劳、刻苦钻研、平凡的事情重复做、将一件事情做到极致	20 分	酌情赋分，但违反课堂纪律，不听从组长、教师安排，不得分	

任务 3.1.2　人物形象内扣吹风造型服务流程与技术解析

3.1.2.1　任务描述

了解吹内扣的操作流程，掌握吹内扣的技术技巧，为后续完成真人吹内扣奠定基础。

3.1.2.2　学习目标

1. 知识目标

（1）熟悉吹内扣操作流程知识。

（2）掌握专业吹内扣技术技巧。

2. 能力目标

能熟练进行科学吹内扣。

3. 素养目标

（1）了解本行业从业人员需具备的基本素质，提升学生行业认同感。

（2）培养以人为本的服务意识。

（3）具备创新改革、开拓进取、勇于探索、鼓励原创精神。

（4）注重专业实训，具备坚持理论联系实际、脚踏实地、精益求精、严谨求实的大国工匠精神。

微课：人物形象内扣吹风造型服务流程与技术解析（一）

微课：人物形象内扣吹风造型服务流程与技术解析（二）

3.1.2.3　学习重点难点

1. 重点

在科学的操作步骤基础上，掌握吹内扣的技术技巧，为后续完成真人吹内扣奠定基础。

2. 难点

吹内扣过程中，加热时对"火候"的把握。

3.1.2.4　相关知识链接

1. 工具的准备

吹风机、三脚架、公仔头、毛滚梳、钢芯滚梳、尖尾梳、宽齿梳、鸭嘴夹、蝴蝶夹、喷壶、发胶、啫喱膏（发蜡、发泥）等（图3-1）。

2. 内扣吹风造型的要素

（1）内扣造型的效果——内扣效果体现的主要是有光泽度、柔顺度，每根头发的发尾处的方向都是自然向头部内侧流向，发尾的内扣弧度呈自然"C"形，了解内扣造型的效果，熟悉吹内扣操作流程知识，掌握专业吹内扣的技术技巧和内扣效果的检测标准（图3-10~图3-12）。

操作视频：内扣吹风造型技术解析

（2）吹内扣操作流程知识——吹风操作前的物品工具准备→分区固定→划分发片→吹风机和造型梳相结合提升发片进行吹内扣操作→加热和冷却交替操作→发片间的衔接操作→吹风完成后的梳理造型。

（3）专业吹内扣的技术技巧——吹内扣的关键点：第一，造型梳控制头发发尾的自然转角；第二，加热过程中送风的方向；第三，每层发片的转角点的协调性。

图 3-10　内扣正面效果展示　　　图 3-11　内扣后面效果展示　　　图 3-12　内扣侧面效果展示

（4）内扣效果的检测标准——整体的外围轮廓要协调，发根到发干呈现自然顺滑效果，发干到发尾要逐渐向内走，发尾处的内扣效果要呈现自然"C"形，整体效果要左右对称，用手抓头发的发尾时，要有自然灵动感。

3. 内扣吹风造型技术解析

需要具备科学吹内扣操作步骤的能力——分区（常用的为标准四分区），分份（常用的是水平分份），分配（偏移＋垂直分配），提升角度（角度控制区间 0°~90°，自由切换），吹风机与发片的角度在区间 0°~90° 进行切换，吹风机与滚梳配合运用（控制好毛滚梳后先梳理发片，然后从发根处转动手腕用毛滚梳带动发片，风嘴与发片呈 90° 快速点风，风嘴配合毛滚梳向发尾处滑动，风嘴与发片的角度逐渐降低，在发干到发尾处要旋转毛滚梳，在发尾处做"C"形运动加热后冷却）（图 3-13~图 3-16）。

图 3-13　分区分份效果展示　　　　　　图 3-14　送风加热带发尾方向

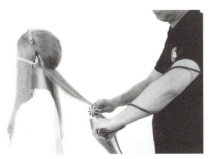

图 3-15　冷却定型　　　　　　　图 3-16　顶区发根处吹蓬松度

3.1.2.5　素养养成

（1）在分析吹内扣特征时，要树立勇于钻研、积极思考的良好习惯。

（2）在分析理解吹内扣的呈现效果时，要树立正确的审美观，要养成良好健康的审美情趣。

（3）在吹内扣手法训练中，要弘扬爱岗敬业、吃苦耐劳的精神。

3.1.2.6　任务实施

1. 任务分组

学生任务分配表

班级		组号		指导教师	
组长		学号			
组员	姓名	学号		姓名	学号
任务分工					

2. 自主探究

组号：＿＿＿＿＿＿　　姓名：＿＿＿＿＿＿　　学号：＿＿＿＿＿＿

引导问题 1：通过网络收集吹内扣发型图片，分析整理出吹内扣发型的特点。

形态：

＿＿＿＿＿＿＿＿＿＿＿＿＿＿＿＿＿＿＿＿＿＿＿＿＿＿＿＿＿＿＿＿＿＿＿＿

＿＿＿＿＿＿＿＿＿＿＿＿＿＿＿＿＿＿＿＿＿＿＿＿＿＿＿＿＿＿＿＿＿＿＿＿

流向：

＿＿＿＿＿＿＿＿＿＿＿＿＿＿＿＿＿＿＿＿＿＿＿＿＿＿＿＿＿＿＿＿＿＿＿＿

＿＿＿＿＿＿＿＿＿＿＿＿＿＿＿＿＿＿＿＿＿＿＿＿＿＿＿＿＿＿＿＿＿＿＿＿

引导问题 2：谈谈吹内扣适合什么样脸型、头型和发质的人群。

＿＿＿＿＿＿＿＿＿＿＿＿＿＿＿＿＿＿＿＿＿＿＿＿＿＿＿＿＿＿＿＿＿＿＿＿

＿＿＿＿＿＿＿＿＿＿＿＿＿＿＿＿＿＿＿＿＿＿＿＿＿＿＿＿＿＿＿＿＿＿＿＿

引导问题 3：论述吹内扣发型风格。

＿＿＿＿＿＿＿＿＿＿＿＿＿＿＿＿＿＿＿＿＿＿＿＿＿＿＿＿＿＿＿＿＿＿＿＿

＿＿＿＿＿＿＿＿＿＿＿＿＿＿＿＿＿＿＿＿＿＿＿＿＿＿＿＿＿＿＿＿＿＿＿＿

组号：＿＿＿＿＿＿　　姓名：＿＿＿＿＿＿　　学号：＿＿＿＿＿＿

引导问题：小组根据教师分配的资料和个人自主收集的资料，分别对资料进行分析，以 PPT 的形式图文并茂地分析出吹内扣相关发型的效果特征和风格特点。

吹内扣	造型与形态	纹理与流向
效果呈现		

吹内扣	风格特点	适合人群	
适应性		头型	
		脸型	
		发质	

3. 合作研学

任务工作单 3-11　合作研学

组号：＿＿＿＿＿　　姓名：＿＿＿＿＿　　学号：＿＿＿＿＿

合作研学步骤 1：小组交流讨论，教师参与，小组代表分享 PPT，分析吹内扣的特点，并讨论吹内扣的操作方法。

吹内扣	特征	风格	适应性
小组讨论与总结			

合作研学步骤 2：吹内扣的操作手法探究。

操作手法	吹内扣
头部位置	
分区	
工具摆放	
分份	
发尾控制	
提升角度	
身体站位	

4.展示赏学

任务工作单 3-12　展示赏学

组号：＿＿＿＿＿＿＿　姓名：＿＿＿＿＿＿＿　学号：＿＿＿＿＿＿＿

展示赏学步骤 1：借鉴每组经验，进一步优化完善吹内扣手法的认知，每小组推荐一名代表来分享小组学习体会。

吹内扣	特征	风格	适应性
小组讨论与总结			

展示赏学步骤 2：尝试操作吹内扣发片，并总结归纳相关操作技术要领。

操作手法	吹内扣
头部位置	
分区	
工具摆放	
分份	
发尾控制	
提升角度	
身体站位	

展示赏学步骤 3：总结归纳在操作中遇到的问题。

＿＿＿＿＿＿＿＿＿＿＿＿＿＿＿＿＿＿＿＿＿＿＿＿＿＿＿＿＿＿＿＿＿＿＿＿

＿＿＿＿＿＿＿＿＿＿＿＿＿＿＿＿＿＿＿＿＿＿＿＿＿＿＿＿＿＿＿＿＿＿＿＿

＿＿＿＿＿＿＿＿＿＿＿＿＿＿＿＿＿＿＿＿＿＿＿＿＿＿＿＿＿＿＿＿＿＿＿＿

＿＿＿＿＿＿＿＿＿＿＿＿＿＿＿＿＿＿＿＿＿＿＿＿＿＿＿＿＿＿＿＿＿＿＿＿

3.1.2.7 评价反馈

任务工作单 3-13　个人自评表

组号：＿＿＿＿＿＿＿　姓名：＿＿＿＿＿＿＿　学号：＿＿＿＿＿＿＿

班级		组名		日期	
评价指标	评价内容			分数	分数评定
信息检索	能有效利用网络、图书资源查找有用的相关信息等；能将查到的信息有效地传递到学习中			10分	
感知课堂生活	理解行业特点，认同工作价值；在学习中能获得满足感			10分	
参与态度	积极主动与教师、同学交流，相互尊重、理解、平等；与教师、同学之间能够保持多向、丰富、适宜的信息交流			10分	
	能处理好合作学习和独立思考的关系，做到有效学习；能提出有意义的问题或能发表个人见解			10分	
知识获得	1.能熟悉吹内扣的操作流程			10分	
	2.能掌握吹内扣技术的技巧			10分	
	3.掌握科学吹内扣的步骤			10分	
	4.具备运用吹内扣技术的能力			10分	
思维态度	能发现问题、提出问题、分析问题、解决问题、创新问题			10分	
自评反馈	按时按质完成任务；较好地掌握了知识点；具有较强的信息分析能力和理解能力；具有较为全面严谨的思维能力并能条理清楚地表达成文			10分	
自评分数					
有益的经验和做法					
总结反馈建议					

任务工作单 3-14　小组内互评验收表

组号：＿＿＿＿＿＿＿　　姓名：＿＿＿＿＿＿＿　　学号：＿＿＿＿＿＿＿

验收组长		组名		日期	
组内验收成员					
任务要求	完成并熟练掌握人物形象内扣吹风造型服务流程与技术解析				
验收文档清单	被验收者任务工作单 3-9 被验收者任务工作单 3-10 被验收者任务工作单 3-11 被验收者任务工作单 3-12 文献检索清单				

	评分标准	分数	得分
验收评分	熟悉吹内扣的操作流程，错 1 处扣 3 分	20 分	
	掌握吹内扣技术的技巧，错 1 处扣 3 分	20 分	
	掌握科学吹内扣的步骤，错 1 处扣 3 分	20 分	
	具备运用吹内扣技术的能力，错 1 处扣 3 分	20 分	
	了解本行业从业人员需具备的基本素质，提升学生行业认同感。培养以人为本的服务意识。创新改革、开拓进取、勇于探索、鼓励原创精神。注重专业实训，具备坚持理论联系实际、脚踏实地、精益求精、严谨求实的大国工匠精神，不少于 4 项，缺 1 项扣 5 分	20 分	
评价分数			
不足之处			

任务工作单 3-15 小组间互评表

被评组号：_____

班级		评价小组		日期	
评价指标	评价内容			分数	分数评定
汇报表述	表述准确			15 分	
	语言流畅			10 分	
	准确反映各组完成情况			15 分	
内容正确度	理论正确			30 分	
	操作规范			30 分	
互评分数					
简要评述					

任务工作单 3-16 任务完成情况评价表

组号：_____ 姓名：_____ 学号：_____

任务名称		人物形象内扣吹风造型服务流程与技术解析		总得分		
评价依据		学生完成的任务工作单 3-9、任务工作单 3-12				
序号	任务内容及要求		配分	评分标准	教师评价	
					结论	得分
1	能熟悉吹内扣的操作流程	（1）描述正确	10分	缺1个要点扣1分		
		（2）语言表达流畅	10分	酌情赋分		
2	能掌握吹内扣技术的技巧	（1）描述正确	10分	缺1个要点扣1分		
		（2）语言表达流畅	10分	酌情赋分		
3	掌握科学吹内扣的步骤	（1）理论完整准确	10分	缺1个要点扣2分		
		（2）实操规范科学	10分	酌情赋分		
4	具备运用吹内扣技术的能力	（1）理论完整准确	10分	缺1个要点扣2分		
		（2）实操规范科学	10分	酌情赋分		
5	素养评价	（1）沟通交流能力	20分	酌情赋分，但违反课堂纪律，不听从组长、教师安排，不得分		
		（2）团队合作				
		（3）课堂纪律				
		（4）合作探学				
		（5）自主研学				
		（6）了解本行业从业人员需具备的基本素质，提升学生行业认同感				
		（7）培养以人为本的服务意识				
		（8）创新改革、开拓进取、勇于探索、鼓励原创精神				
		（9）注重专业实训，具备坚持理论联系实际、脚踏实地、精益求精、严谨求实的大国工匠精神				

项目 3.2　排骨梳造型服务

通过学习本项目的内容，完成相应的任务，我们会对排骨梳造型手法和产生的效果进行基本的认知，在剖析理解排骨梳造型特征后，进一步深刻理解排骨梳造型的基础手法运用特点，为时尚吹风造型打下坚实的基础。

任务　人物形象排骨梳吹风造型服务流程与技术解析

3.2.1.1　任务描述

了解排骨梳吹风造型的操作流程，掌握排骨梳吹风造型的技术技巧，为后续完成真人吹风造型奠定基础。

3.2.1.2　学习目标

1. 知识目标

（1）熟悉排骨梳操作流程知识。

（2）掌握专业排骨梳操作技术技巧。

2. 能力目标

（1）掌握科学使用排骨梳的步骤。

（2）能熟练应用专业排骨梳操作技术技巧。

3. 素养目标

（1）了解本行业从业人员需具备的基本素质，提升学生行业认同感。

（2）培养以人为本的服务意识。

（3）培养吃苦耐劳、刻苦钻研的精神。

（4）培养将平凡的事情重复做，将一件事情做到极致的意识。

微课：人物形象排骨梳吹风造型服务流程与技术解析（一）

3.2.1.3　学习重点难点

1. 重点

在科学的操作步骤基础上，掌握排骨梳控制发片的技术技巧，为后续完成真人吹风造型奠定基础。

2. 难点

排骨梳各手法之间的熟练转换和运用。

3.2.1.4　相关知识链接

1. 工具的准备

吹风机、三脚架、公仔头、毛滚梳、钢芯滚梳、尖尾梳、宽齿梳、鸭嘴夹、排骨梳、蝴蝶夹、喷壶、发胶、啫喱膏（发蜡、发泥）等（图 3-17）。

微课：人物形象排骨梳吹风造型服务流程与技术解析（二）

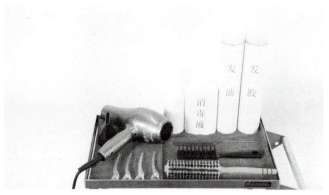

图 3-17　所用物品的展示

2. 排骨梳内扣吹风造型的要素

（1）排骨梳造型的效果——排骨梳可以在长发、中发、短发上进行吹风造型，所以，发型效果也是因人而异、千变万化的。

（2）排骨梳操作流程知识——排骨梳的吹风造型在头部的任何位置都可以作为起点，起点是由顾客的造型效果决定的，所以，在做造型前与顾客的沟通非常重要。

（3）专业排骨梳造型的技术技巧——使用排骨梳的技术技巧首先是手指对排骨梳的掌控，其次才是吹风机送风点位与排骨梳的配合（图 3-18 ~ 图 3-20）。

操作视频：排骨梳
吹风造型技术解析

图 3-18　正确手持排骨梳的展示

图 3-19　正确使用排骨梳抓发片的展示

（4）排骨梳造型的检测标准——整体的外围轮廓要饱满，发根到发干呈现自然蓬松、顺滑的效果，发干到发尾要根据设计要求控制流向，发尾处的方向控制非常关键，吹风完成之后用手抓头发，整体要有自然灵动感。

3. 排骨梳吹风造型技术、服务注意事项

（1）安全用电，安全、正确控制好

图 3-20　正确使用排骨梳提拉发片的展示

吹风机风嘴与头皮之间的角度，避免烫伤顾客头皮；控制好吹风机与头部之间的距离，避免碰到或碰伤顾客头部；安全使用电器，避免出现漏电事故；合理摆放电器设备，避免其掉落损坏电器；安全、正确使用造型产品，避免造型产品碰到顾客面部或耳部等位置。

（2）在运用排骨梳的过程中，对发片拉力的力度控制要恰到好处，对提升角度的控制要恰当，加热发片时，停留时间的长短对吹风造型效果起到决定性作用，然而最终造型效果的持久性还与加热后的定型有一定的关联，因此，在排骨梳造型的技术技巧环节中要引起高度重视（图3-21）。

图3-21　排骨梳与吹风机配合的展示

4. 排骨梳吹风造型技术解析

分区（两分区+任意分区）；分份（水平+各种其他分份）；分配（偏移+垂直分配）；提升角度（角度控制区间0°~90°，自由切换）。

吹风机与发片的角度转换（角度区间0°~90°）进行切换，吹风机与排骨梳的配合运用（控制好排骨梳后先梳理发片，然后从发根处转动手腕，用排骨梳带动发片，风嘴与发片呈90°角快速点风，风嘴配合排骨梳向发干处滑动，风嘴与发片的角度逐渐降低，用大拇指和食指相配合做"C"形运动加热后冷却），在操作过程中需要特别注意的是提、拉、推、压、旋转等技巧要领（图3-22~图3-27）。

图3-22　使用排骨梳吹发根处蓬松度
的展示（一）

图3-23　使用排骨梳吹发根处蓬松度
的展示（二）

图3-24　加热后的冷却定型

图3-25　使用排骨梳吹向前的方向

图 3-26 使用排骨梳吹翻翘　　　　　图 3-27 使用排骨梳吹"S"形波纹

3.2.1.5 素养养成

（1）在分析排骨梳吹风造型特征时，树立勇于钻研、积极思考的良好习惯。

（2）在分析理解排骨梳吹风造型的呈现效果时，树立正确的审美观，要养成良好健康的审美情趣。

（3）在排骨梳吹风造型手法训练中，弘扬爱岗敬业、吃苦耐劳的精神。

3.2.1.6 任务实施

1. 任务分组

学生任务分配表

班级		组号		指导教师	
组长		学号			
组员	姓名	学号		姓名	学号
任务分工					

2. 自主探究

任务工作单 3-17　自主探究 1

组号：＿＿＿＿＿　姓名：＿＿＿＿＿　学号：＿＿＿＿＿

引导问题 1：通过网络收集排骨梳吹风造型发型图片，分析整理出排骨梳吹风造型发型的特点。

形态：

＿＿＿＿＿＿＿＿＿＿＿＿＿＿＿＿＿＿＿＿＿＿＿＿＿＿＿＿＿＿＿＿＿＿＿＿＿＿＿

＿＿＿＿＿＿＿＿＿＿＿＿＿＿＿＿＿＿＿＿＿＿＿＿＿＿＿＿＿＿＿＿＿＿＿＿＿＿＿

流向：

＿＿＿＿＿＿＿＿＿＿＿＿＿＿＿＿＿＿＿＿＿＿＿＿＿＿＿＿＿＿＿＿＿＿＿＿＿＿＿

＿＿＿＿＿＿＿＿＿＿＿＿＿＿＿＿＿＿＿＿＿＿＿＿＿＿＿＿＿＿＿＿＿＿＿＿＿＿＿

引导问题 2：谈谈排骨梳吹风造型适合什么样脸型、头型和发质的人群。

＿＿＿＿＿＿＿＿＿＿＿＿＿＿＿＿＿＿＿＿＿＿＿＿＿＿＿＿＿＿＿＿＿＿＿＿＿＿＿

＿＿＿＿＿＿＿＿＿＿＿＿＿＿＿＿＿＿＿＿＿＿＿＿＿＿＿＿＿＿＿＿＿＿＿＿＿＿＿

引导问题 3：论述排骨梳吹风造型发型风格。

＿＿＿＿＿＿＿＿＿＿＿＿＿＿＿＿＿＿＿＿＿＿＿＿＿＿＿＿＿＿＿＿＿＿＿＿＿＿＿

＿＿＿＿＿＿＿＿＿＿＿＿＿＿＿＿＿＿＿＿＿＿＿＿＿＿＿＿＿＿＿＿＿＿＿＿＿＿＿

任务工作单 3-18　自主探究 2

组号：＿＿＿＿＿　姓名：＿＿＿＿＿　学号：＿＿＿＿＿

引导问题：小组根据教师分配的资料和个人自主收集的资料，分别对资料进行分析，以 PPT 的形式图文并茂地分析出排骨梳吹风造型相关发型的效果特征和风格特点。

排骨梳吹风造型	造型与形态	纹理与流向
效果呈现		

排骨梳吹风造型	风格特点	适合人群	
适应性		头型	
		脸型	
		发质	

3.合作研学

任务工作单3-19　合作研学

组号：＿＿＿＿＿　姓名：＿＿＿＿＿　学号：＿＿＿＿＿

合作研学步骤1：小组交流讨论，教师参与，小组代表分享PPT，分析排骨梳吹风造型的特点，并讨论排骨梳吹风造型的操作方法。

排骨梳吹风造型	特征	风格	适应性
小组讨论与总结			

合作研学步骤2：排骨梳吹风造型的操作手法探究。

操作手法	排骨梳吹风造型
头部位置	
分区	
工具摆放	
分份	
发尾控制	
提升角度	
身体站位	

4.展示赏学

组号：＿＿＿＿＿＿　姓名：＿＿＿＿＿＿　学号：＿＿＿＿＿＿

展示赏学步骤1：借鉴每组经验，进一步优化完善排骨梳吹风造型手法的认知，每小组推荐一名代表来分享小组学习体会。

排骨梳 吹风造型	特征	风格	适应性
小组讨论与 总结			

展示赏学步骤2：尝试操作排骨梳吹风造型发片，并总结归纳相关操作技术要领。

操作手法	排骨梳吹风造型
头部位置	
分区	
工具摆放	
分份	
发尾控制	
提升角度	
身体站位	

展示赏学步骤3：总结归纳在操作中遇到的问题。

_____

_____

_____

_____

3.2.1.7　评价反馈

组号：＿＿＿＿＿＿　姓名：＿＿＿＿＿＿　学号：＿＿＿＿＿＿

班级		组名		日期	
评价指标	评价内容			分数	分数评定
信息检索	能有效利用网络、图书资源查找有用的相关信息等；能将查到的信息有效地传递到学习中			10分	
感知课堂生活	理解行业特点，认同工作价值；在学习中能获得满足感			10分	
参与态度	积极主动与教师、同学交流，相互尊重、理解、平等；与教师、同学之间能够保持多向、丰富、适宜的信息交流			10分	
	能处理好合作学习和独立思考的关系，做到有效学习；能提出有意义的问题或能发表个人见解			10分	
知识获得	1. 能熟悉排骨梳的操作流程			10分	
	2. 能掌握排骨梳操作技术的技巧			10分	
	3. 掌握科学使用排骨梳的步骤			10分	
	4. 具备运用专业排骨梳操作技术的能力			10分	
思维态度	能发现问题、提出问题、分析问题、解决问题、创新问题			10分	
自评反馈	按时按质完成任务；较好地掌握了知识点；具有较强的信息分析能力和理解能力；具有较为全面严谨的思维能力并能条理清楚地表达成文			10分	
自评分数					
有益的经验和做法					
总结反馈建议					

任务工作单 3-22　小组内互评验收表

组号：＿＿＿＿＿＿＿　　姓名：＿＿＿＿＿＿＿　　　学号：＿＿＿＿＿＿＿

验收组长		组名		日期	
组内验收成员					
任务要求	完成并熟练掌握人物形象排骨梳吹风造型服务流程与技术解析				
验收文档清单	被验收者任务工作单 3-17 被验收者任务工作单 3-18 被验收者任务工作单 3-19 被验收者任务工作单 3-20 文献检索清单				
验收评分	评分标准			分数	得分
	熟悉排骨梳的操作流程，错 1 处扣 3 分			20 分	
	掌握排骨梳操作技术的技巧，错 1 处扣 3 分			20 分	
	掌握科学使用排骨梳的步骤，错 1 处扣 3 分			20 分	
	具备运用专业排骨梳操作技术的能力，错 1 处扣 3 分			20 分	
	了解本行业从业人员需具备的基本素质，提升学生行业认同感。培养以人为本的服务意识。吃苦耐劳，刻苦钻研，平凡的事情重复做，将一件事情做到极致，不少于 4 项，缺 1 项扣 5 分			20 分	
	评价分数				
不足之处					

任务工作单 3-23　小组间互评表

被评组号：_____

班级		评价小组		日期	
评价指标		评价内容		分数	分数评定
汇报表述		表述准确		15分	
		语言流畅		10分	
	准确反映各组完成情况			15分	
内容正确度		理论正确		30分	
		操作规范		30分	
互评分数					
简要评述					

任务工作单3-24　任务完成情况评价表

组号：＿＿＿＿＿＿＿　姓名：＿＿＿＿＿＿＿　学号：＿＿＿＿＿＿＿

任务名称	人物形象排骨梳吹风造型服务流程与技术解析			总得分	
评价依据	学生完成的任务工作单3-17、任务工作单3-20				
序号	任务内容及要求		配分	评分标准	教师评价
					结论	得分

序号	任务内容及要求		配分	评分标准	结论	得分
1	能熟悉排骨梳的操作流程	（1）描述正确	10分	缺1个要点扣1分		
		（2）语言表达流畅	10分	酌情赋分		
2	能掌握排骨梳操作技术的技巧	（1）描述正确	10分	缺1个要点扣1分		
		（2）语言表达流畅	10分	酌情赋分		
3	掌握科学使用排骨梳的步骤	（1）理论完整准确	10分	缺1个要点扣2分		
		（2）实操规范科学	10分	酌情赋分		
4	具备运用专业排骨梳操作技术的能力	（1）理论完整准确	10分	缺1个要点扣2分		
		（2）实操规范科学	10分	酌情赋分		
5	素养评价	（1）沟通交流能力	20分	酌情赋分，但违反课堂纪律，不听从组长、教师安排，不得分		
		（2）团队合作				
		（3）课堂纪律				
		（4）合作探学				
		（5）自主研学				
		（6）了解本行业从业人员需具备的基本素质，提升学生行业认同感				
		（7）培养以人为本的服务意识				
		（8）吃苦耐劳，刻苦钻研				
		（9）平凡的事情重复做，将一件事情做到极致				

模块 **4**
电夹板造型服务

通过学习该模块的内容，完成相应的任务，我们会对电夹板造型手法和产生的效果进行基本的认知，在剖析理解了直发和卷发两种造型特征后，进一步深刻理解电夹板的造型特点，为电夹板造型打下坚实的基础。

项目 4.1　人物形象电夹板直发造型服务

任务　人物形象电夹板直发造型服务流程与技术解析

4.1.1.1　任务描述

完成对电夹板直发手法技术和相关服务流程的解析，并完成任务工单。

4.1.1.2　学习目标

1.知识目标

（1）清楚电夹板的型号分类及结构。

（2）掌握电夹板直发造型流程。

2.能力目标

（1）掌握电夹板正确的使用方法。

（2）具备熟练操作电夹板进行直发造型手法运用的技术能力。

3.素养目标

（1）培养吃苦耐劳的精神，以及良好的工作态度和责任心。

（2）培养较强的质量意识和安全意识。

4.1.1.3　学习重点难点

1.重点

电夹板的摆放位置和提升角度。

2.难点

直发造型发片表面平整、光滑。

微课：电夹板直发
造型服务流程与技
术解析

4.1.1.4 相关知识链接

1. 电夹板的分类

（1）外形特点分类。X形电夹板（图4-1）的造型犹如字母X的形状，是早期的电夹板形状的设计形式。另外，V形电夹板（图4-2）是在模仿字母V的形状，它以优美流畅的轮廓线条和舒适的操作手感，在市场上享有广泛的应用。

微课：电夹板工具介绍与使用解析

图4-1　X形电夹板

图4-2　V形电夹板

（2）型号分类。从型号的角度来分类，电夹板主要包括宽版电夹板和窄版电夹板两种。宽版电夹板（图4-3）的直发板长度一般为90 mm，宽度为42 mm，它是长发造型的首选；窄版电夹板（图4-4）的长度一般为80~90 mm，宽度为13~14 mm，多被用于短发造型的创作。

图4-3　宽版电夹板

图4-4　窄版电夹板

2. 电夹板的结构

电夹板的结构主要包括隔热头部、发热板、电源开关、温度调节键、手柄、旋转电源线（图4-5）。

3. 电夹板直发造型流程

（1）头部位置：端正头位（图4-6）。

（2）分区：四分区（十字分区）（图4-7、图4-8）。

（3）分份：水平分份（图4-9）。

（4）提升角度：0°~15°（图4-10）。

（5）工具摆放：水平摆放（图4-11）。

（6）身体站位：正位（图4-12）。

（7）发尾控制：直发（图4-13）。

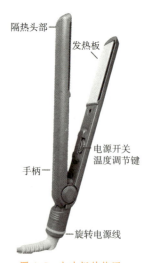

图4-5　电夹板结构图

图 4-6　端正头位

图 4-7　四分区正面

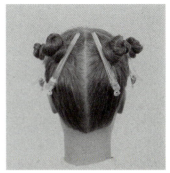
图 4-8　四分区背面

图 4-9　水平分份

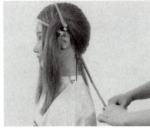
图 4-10　0°~15°提升角度

图 4-11　工具水平摆放

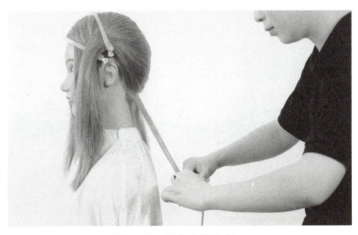
图 4-12　正位身体站位

图 4-13　发尾直发

4.造型流程操作的标准

造型流程操作的标准是对实操人员的一种操作规范。操作标准包括：时间的管理，对头发发质、长度、电卷棒型号选择的分析，操作前需对双手进行消毒，对操作工具的清洁消毒，规范、安全地操作电卷棒卷发造型，按要求使用、存放工具箱，规范使用推车放置的所有工具，在发生意外伤害的情况下，及时正确处理突发情况。这些规范中必要的实操要求没有一个是多余的，是从很多次的实操中总结提炼出来的，严格按照规范操作，是成为一个合格乃至优秀形象设计师的前提（图 4-14、图 4-15）。

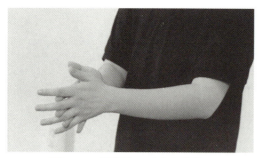

图 4-14　操作前双手进行消毒　　　　　图 4-15　电夹板操作推车摆放

5. 电夹板使用注意事项

操作电夹板时，务必注意以下几点：第一，安全用电是至关重要的，在使用电夹板前，确保电夹板表面干燥，检查电源是否正常，并在头发完全吹干后再开始使用；第二，避免接触电夹板的高温部位，电夹板的中央部位温度最高，背面也会有相对较高的温度，所以，一定避免触碰这些部位以免烫伤；第三，正确控制发片的厚度和加热次数也很关键，过厚的发片容易造成加热不均匀，而过长的暴露时间可能会因蒸汽的产生导致头皮烫伤，对同一发片的加热次数应尽可能地控制在三次以内，过多的加热可能会产生静电。

4.1.1.5　素养养成

（1）在电夹板卷发造型手法探究中，具有吃苦耐劳的精神，以及良好的工作态度和责任心。

（2）在使用电夹板进行卷发造型时，具有较强的质量意识和安全意识。

操作视频：电夹板
直发造型技术解析

4.1.1.6 任务实施

1.任务分组

学生任务分配表

班级		组号		指导教师	
组长		学号			
组员	姓名	学号		姓名	学号
任务分工					

2. 自主探究

任务工作单 4-1　自主探究 1

组号：_____　姓名：_____　学号：_____

引导问题 1：通过网络收集不同方向的电夹板发型图片，通过形态、纹理分析整理出长、中、短直发造型的特点。

_____

_____

_____

引导问题 2：谈谈电夹板直发适合什么样脸型、头型和发质的人群。

_____

_____

_____

任务工作单 4-2　自主探究 2

组号：_____　姓名：_____　学号：_____

引导问题：小组根据教师分配的资料和个人自主收集的资料，分别对资料进行分析，组内讨论、归纳总结直发相关发型的效果特点、适应性。

直发	长发	中长发	短发
效果特点			
适应性（头型、脸型、发质）			

3. 合作研学

任务工作单 4-3　合作研学

组号：＿＿＿＿＿＿　姓名：＿＿＿＿＿＿　学号：＿＿＿＿＿＿

合作研学步骤 1：交流讨论，教师参与，分析电夹板不同长度直发造型的特点，并讨论直发造型的操作方法。

小组总结讨论					
长发直发造型		中发直发造型		短发直发造型	
特点	适应性	特点	适应性	特点	适应性

合作研学步骤 2：电夹板直发造型的操作手法探究。

操作手法	直发造型
头部位置	
分区	
分份	
提升角度	
工具摆放	
身体站位	
发尾控制	

4.展示赏学

任务工作单4-4　展示赏学

组号：＿＿＿＿＿＿　姓名：＿＿＿＿＿＿　学号：＿＿＿＿＿＿

展示赏学步骤1： 借鉴每组经验，进一步优化完善电夹板直发造型手法的认知，每小组推荐一名代表来分享小组学习体会。

小组总结讨论					
长发直发造型		中发直发造型		短发直发造型	
特点	适应性	特点	适应性	特点	适应性

展示赏学步骤2： 尝试操作电夹板直发效果发片，并总结归纳相关操作技术要领。

操作手法	直发造型
头部位置	
分区	
分份	
提升角度	
工具摆放	
身体站位	
发尾控制	

展示赏学步骤3： 总结归纳在操作中遇到的问题。

＿＿＿＿＿＿＿＿＿＿＿＿＿＿＿＿＿＿＿＿＿＿＿＿＿＿＿＿＿＿＿＿

＿＿＿＿＿＿＿＿＿＿＿＿＿＿＿＿＿＿＿＿＿＿＿＿＿＿＿＿＿＿＿＿

＿＿＿＿＿＿＿＿＿＿＿＿＿＿＿＿＿＿＿＿＿＿＿＿＿＿＿＿＿＿＿＿

＿＿＿＿＿＿＿＿＿＿＿＿＿＿＿＿＿＿＿＿＿＿＿＿＿＿＿＿＿＿＿＿

4.1.1.7 评价反馈

任务工作单 4-5 个人自评表

组号：＿＿＿＿＿＿＿ 姓名：＿＿＿＿＿＿＿ 学号：＿＿＿＿＿＿＿

班级		组名		日期	
评价指标	评价内容			分数	分数评定
信息检索	能有效利用网络、图书资源查找有用的相关信息等；能将查到的信息有效地传递到学习中			10分	
感知课堂生活	理解行业特点，认同工作价值；在学习中能获得满足感			10分	
参与态度	积极主动与教师、同学交流，相互尊重、理解、平等；与教师、同学之间能够保持多向、丰富、适宜的信息交流			10分	
	能处理好合作学习和独立思考的关系，做到有效学习；能提出有意义的问题或能发表个人见解			10分	
知识获得	1.清楚电夹板的型号分类及结构			10分	
	2.掌握电夹板直发造型流程			10分	
	3.掌握电夹板正确的使用方法			10分	
	4.具备熟练运用电夹板进行直发造型的能力			10分	
思维态度	能发现问题、提出问题、分析问题、解决问题、创新问题			10分	
自评反馈	按时按质完成任务；较好地掌握了知识点；具有较强的信息分析能力和理解能力；具有较为全面严谨的思维能力并能条理清楚地表达成文			10分	
自评分数					
有益的经验和做法					
总结反馈建议					

任务工作单 4-6 小组内互评验收表

组号： _____   姓名： _____   学号： _____

验收组长		组名		日期	
组内验收成员					
任务要求	完成并熟练掌握人物电夹板直发造型服务流程与技术解析				
验收文档清单	被验收者任务工作单 4-1 被验收者任务工作单 4-2 被验收者任务工作单 4-3 被验收者任务工作单 4-4 文献检索清单				

验收评分	评分标准	分数	得分
	清楚电夹板的型号分类及结构，错 1 处扣 3 分	20 分	
	掌握电夹板直发造型流程，错 1 处扣 3 分	20 分	
	掌握电夹板正确的使用方法，错 1 处扣 3 分	20 分	
	具备熟练运用电夹板进行直发造型的能力，错 1 处扣 3 分	20 分	
	具有吃苦耐劳的精神，以及良好的工作态度和责任心；具有较强的质量意识和安全意识，不少于 4 项，缺 1 项扣 5 分	20 分	
	评价分数		

不足之处	

任务工作单 4-7　小组间互评表

被评组号：_____

班级		评价小组		日期	
评价指标		评价内容		分数	分数评定
汇报表述		表述准确		15 分	
		语言流畅		10 分	
		准确反映各组完成情况		15 分	
内容正确度		理论正确		30 分	
		操作规范		30 分	
互评分数					
简要评述					

任务工作单4-8　任务完成情况评价表

组号：＿＿＿＿＿＿　姓名：＿＿＿＿＿＿　学号：＿＿＿＿＿＿

任务名称	人物电夹板直发造型服务流程与技术解析		总得分		
评价依据	学生完成的任务工作单4-1、任务工作单4-4				
序号	任务内容及要求		配分	评分标准	教师评价
					结论	得分
1	清楚电夹板的型号分类以及结构	（1）描述正确	10分	缺1个要点扣1分		
		（2）语言表达流畅	10分	酌情赋分		
2	掌握电夹板直发造型流程	（1）描述正确	10分	缺1个要点扣1分		
		（2）语言表达流畅	10分	酌情赋分		
3	掌握电夹板正确的使用方法	（1）理论完整准确	10分	缺1个要点扣2分		
		（2）实操规范科学	10分	酌情赋分		
4	具备熟练运用电夹板进行直发造型的能力	（1）理论完整准确	10分	缺1个要点扣2分		
		（2）实操规范科学	10分	酌情赋分		
5	素养评价	（1）沟通交流能力	20分	酌情赋分，但违反课堂纪律，不听从组长、教师安排，不得分		
		（2）团队合作				
		（3）课堂纪律				
		（4）合作探学				
		（5）自主研学				
		（6）具有吃苦耐劳的精神				
		（7）具有良好的工作态度和责任心				
		（8）具有较强的质量意识				
		（9）具有较强的安全意识				

项目 4.2　人物形象电夹板卷发服务

任务　人物形象电夹板卷发服务流程与技术解析

4.2.1.1　任务描述

完成对电夹板卷发手法技术和相关服务流程的解析，并完成任务工单。

4.2.1.2　学习目标

1. 知识目标

（1）了解电夹板卷发技巧所产生的造型效果。

（2）掌握电夹板卷发的内扣、外翻造型流程。

2. 能力目标

（1）能熟练进行电夹板的安全、规范的操作。

（2）能熟练操作电夹板进行电夹板卷发造型手法运用技术。

3. 素养目标

（1）培养以人为本、人文关怀的意识。

（2）培养基层服务意识。

4.2.1.3　学习重点难点

1. 重点

电夹板的摆放位置和发尾控制。

2. 难点

电夹板卷发技巧工具的转动角度的问题。

4.2.1.4　相关知识链接

1. 电夹板内扣造型的适应性

内扣造型适合不同长度的头发，其特点是温柔知性、乖巧内敛，内扣造型比较适合方形脸、长方形脸，这类脸型发际线和下颚线几乎是水平的，颧骨在两侧几乎没有凸出，棱角分明，缺乏生动性，面部轮廓线条比较生硬，内扣造型可以从视觉上在脸部周围增加弧线，十分修饰脸型，使面部整体柔和感增加（图 4-16）。

2. 电夹板内扣造型的操作流程

（1）头部位置：端正（图 4-6）。

（2）分区：四分区（十字分区）（图 4-7、图 4-8）。

图 4-16　内扣造型

（3）分份：水平分份（图4-9）。

（4）提升角度：0°~15°（图4-10）。

（5）工具摆放位置：水平（图4-11）。

（6）身体站位：正位（图4-12）。

（7）发尾控制：内扣，向内的C形弧度（图4-17）。

3. 电夹板内扣造型服务注意事项

（1）分份需要水平分份，分份线尽量干净；工具需要水平摆放。

（2）操作前可以先将发片用电卷棒进行抛光带顺，再操作电夹板外翻技巧。

图4-17　发尾内扣

（3）电夹板操作发片时，夹至接近发尾的地方，向内匀速地转动电夹板，两只手分别握住手柄、隔热头部，一起向内转；发尾效果为向内的C形弧度。

（4）两侧内扣卷发效果，卷度一致，保持对称。

（5）头部轮廓是一个曲线，难免会有一些小幅度的角度提升，操作过程中提升角度采用低角度0°~15°。

微课：电夹板卷发造型服务流程与技术解析

操作视频：电夹板内扣造型技术解析

4. 电夹板外翻造型的适应性

外翻造型比较适合中长发或肩以上的短发，其特点是灵动张扬，比较适合菱形脸和心形脸。这类脸型显得细长而棱角分明，最宽的位置在颧骨，而前额和下巴则较窄，面部立体感强，但缺乏温柔感。外翻造型是向外扩张的，使下颚线明显地展现出来；外翻造型可以搭配八字形刘海，有效地修饰颧骨位置（图4-18）。

图4-18　外翻造型

操作视频：电夹板外翻造型技术解析

5. 电夹板外翻造型的操作流程

（1）头部位置：端正（图4-6）。

（2）分区：四分区（十字分区）（图 4-7、图 4-8）。

（3）分份：水平分份（图 4-9）。

（4）提升角度：0°~15°（图 4-10）。

（5）工具摆放位置：水平（图 4-11）。

（6）身体站位：正位（图 4-12）。

（7）发尾控制：外翻（向外呈 C 形弧度）（图 4-19）。

图 4-19　发尾外翻

6. 电夹板外翻造型服务注意事项

（1）分份需要保持水平，分份线尽量干净；工具需要水平摆放。

（2）操作前可以先将发片用电卷棒进行抛光带顺，再操作电夹板外翻技巧。

（3）电夹板操作发片时，夹至接近发尾的地方，向外匀速地转动电夹板，两只手分别握住手柄、隔热头部，一起向外反转；发尾效果为向外的 C 形弧度。

（4）两侧外翻卷发效果，卷度一致，保持对称。

（5）头部轮廓是一个曲线，难免会有一些小幅度的角度提升，而外翻提升角度会比内扣提升角度高一点，操作过程中提升角度采用低角度 0°~30°。

（6）在操作过程中，可将卷好的发片放置于两侧，再继续向上操作，全头操作完成后，可以将头发放在两侧进行打理造型。

4.2.1.5　素养养成

（1）在电夹板卷发手法训练中，要培养学生以人为本、人文关怀的意识。

（2）在规范实操标准中，培养基层服务意识。

4.2.1.6　任务实施

1. 任务分组

学生任务分配表

班级		组号		指导教师	
组长		学号			
组员	姓名	学号		姓名	学号

任务分工	

2. 自主探究

任务工作单 4-9　自主探究 1

组号：＿＿＿＿＿＿＿　　姓名：＿＿＿＿＿＿＿　　学号：＿＿＿＿＿＿＿

引导问题 1：观察图 4-17、图 4-19 所示的电夹板卷发造型图片，分析整理出电夹板卷发发型的特点。

形态：

＿＿＿＿＿＿＿＿＿＿＿＿＿＿＿＿＿＿＿＿＿＿＿＿＿＿＿＿＿＿＿＿＿＿＿＿＿

＿＿＿＿＿＿＿＿＿＿＿＿＿＿＿＿＿＿＿＿＿＿＿＿＿＿＿＿＿＿＿＿＿＿＿＿＿

＿＿＿＿＿＿＿＿＿＿＿＿＿＿＿＿＿＿＿＿＿＿＿＿＿＿＿＿＿＿＿＿＿＿＿＿＿

流向：

＿＿＿＿＿＿＿＿＿＿＿＿＿＿＿＿＿＿＿＿＿＿＿＿＿＿＿＿＿＿＿＿＿＿＿＿＿

＿＿＿＿＿＿＿＿＿＿＿＿＿＿＿＿＿＿＿＿＿＿＿＿＿＿＿＿＿＿＿＿＿＿＿＿＿

＿＿＿＿＿＿＿＿＿＿＿＿＿＿＿＿＿＿＿＿＿＿＿＿＿＿＿＿＿＿＿＿＿＿＿＿＿

引导问题 2：谈谈电夹板卷发适合什么样脸型、头型和发质的人群。

＿＿＿＿＿＿＿＿＿＿＿＿＿＿＿＿＿＿＿＿＿＿＿＿＿＿＿＿＿＿＿＿＿＿＿＿＿

＿＿＿＿＿＿＿＿＿＿＿＿＿＿＿＿＿＿＿＿＿＿＿＿＿＿＿＿＿＿＿＿＿＿＿＿＿

＿＿＿＿＿＿＿＿＿＿＿＿＿＿＿＿＿＿＿＿＿＿＿＿＿＿＿＿＿＿＿＿＿＿＿＿＿

引导问题 3：论述电夹板卷发发型风格。

＿＿＿＿＿＿＿＿＿＿＿＿＿＿＿＿＿＿＿＿＿＿＿＿＿＿＿＿＿＿＿＿＿＿＿＿＿

＿＿＿＿＿＿＿＿＿＿＿＿＿＿＿＿＿＿＿＿＿＿＿＿＿＿＿＿＿＿＿＿＿＿＿＿＿

＿＿＿＿＿＿＿＿＿＿＿＿＿＿＿＿＿＿＿＿＿＿＿＿＿＿＿＿＿＿＿＿＿＿＿＿＿

任务工作单 4-10　自主探究 2

组号：＿＿＿＿＿＿＿＿　姓名：＿＿＿＿＿＿＿＿　学号：＿＿＿＿＿＿＿＿

引导问题 1：小组根据教师分配的资料和个人自主收集的资料，分别对资料进行分析，以 PPT 的形式图文并茂地分析出电夹板卷发相关发型的效果特征和风格特点。

电夹板卷发	电夹板内扣造型		电夹板外翻造型	
分析	造型与形态	纹理与流向	造型与形态	纹理与流向
效果呈现				
适应性		头型		头型
		脸型		脸型
		发质		发质

引导问题 2：谈谈形象设计行业中需要具备什么样的服务意识。

_____

_____

_____

_____

3. 合作研学

组号：＿＿＿＿＿＿　姓名：＿＿＿＿＿＿　学号：＿＿＿＿＿＿

合作研学步骤 1： 小组交流讨论，教师参与，小组代表分享 PPT，分析电夹板卷发的特点，并讨论电夹板卷发的操作方法。

电夹板卷发	特征	风格	适应性
内扣造型			
外翻造型			

合作研学步骤 2： 电夹板的操作手法探究。

操作手法	电夹板卷发内扣造型	电夹板卷发外翻造型
头部位置		
分区		
分份		
提升角度		
工具摆放		
身体站位		
发尾控制		

合作研学步骤 3： 整理相关案例，组内讨论形象设计行业中需要具备什么样的服务意识。

＿＿＿＿＿＿＿＿＿＿＿＿＿＿＿＿＿＿＿＿＿＿＿＿＿＿＿＿＿＿＿＿＿＿

＿＿＿＿＿＿＿＿＿＿＿＿＿＿＿＿＿＿＿＿＿＿＿＿＿＿＿＿＿＿＿＿＿＿

＿＿＿＿＿＿＿＿＿＿＿＿＿＿＿＿＿＿＿＿＿＿＿＿＿＿＿＿＿＿＿＿＿＿

＿＿＿＿＿＿＿＿＿＿＿＿＿＿＿＿＿＿＿＿＿＿＿＿＿＿＿＿＿＿＿＿＿＿

4.展示赏学

任务工作单4-12　展示赏学

组号：＿＿＿＿＿＿　　姓名：＿＿＿＿＿＿　　学号：＿＿＿＿＿＿

展示赏学步骤1：借鉴每组经验，进一步优化完善电夹板内扣、外翻手法的认知，每小组推荐一名代表来分享小组学习体会。

电夹板卷发	特征	风格	适应性
内扣造型			
外翻造型			

展示赏学步骤2：尝试操作发片，并总结归纳相关操作技术要领。

操作手法	电夹板卷发内扣造型	电夹板卷发外翻造型
头部位置		
分区		
分份		
提升角度		
工具摆放		
身体站位		
发尾控制		

展示赏学步骤3：总结归纳形象设计行业中需要具备什么样的意识。

＿＿＿＿＿＿＿＿＿＿＿＿＿＿＿＿＿＿＿＿＿＿＿＿＿＿＿＿＿＿＿＿＿＿＿＿＿＿

＿＿＿＿＿＿＿＿＿＿＿＿＿＿＿＿＿＿＿＿＿＿＿＿＿＿＿＿＿＿＿＿＿＿＿＿＿＿

＿＿＿＿＿＿＿＿＿＿＿＿＿＿＿＿＿＿＿＿＿＿＿＿＿＿＿＿＿＿＿＿＿＿＿＿＿＿

＿＿＿＿＿＿＿＿＿＿＿＿＿＿＿＿＿＿＿＿＿＿＿＿＿＿＿＿＿＿＿＿＿＿＿＿＿＿

4.2.1.7 评价反馈

任务工作单 4-13 个人自评表

组号：_____ 姓名：_____ 学号：_____

班级		组名		日期	
评价指标	评价内容			分数	分数评定
信息检索	能有效利用网络、图书资源查找有用的相关信息等；能将查到的信息有效地传递到学习中			10分	
感知课堂生活	理解行业特点，认同工作价值；在学习中能获得满足感			10分	
参与态度	积极主动与教师、同学交流，相互尊重、理解、平等；与教师、同学之间能够保持多向、丰富、适宜的信息交流			10分	
	能处理好合作学习和独立思考的关系，做到有效学习；能提出有意义的问题或能发表个人见解			10分	
知识获得	1.了解电夹板卷发技巧所产生的造型效果			10分	
	2.掌握电夹板卷发的内扣、外翻造型流程			10分	
	3.熟练掌握电夹板的安全、规范的操作方法			10分	
	4.具备熟练运用电夹板进行电夹板卷发造型的能力			10分	
思维态度	能发现问题、提出问题、分析问题、解决问题、创新问题			10分	
自评反馈	按时按质完成任务；较好地掌握了知识点；具有较强的信息分析能力和理解能力；具有较为全面严谨的思维能力并能条理清楚地表达成文			10分	
自评分数					
有益的经验和做法					
总结反馈建议					

任务工作单 4-14　小组内互评验收表

组号：_____　　姓名：_____　　学号：_____

验收组长		组名		日期	
组内验收成员					
任务要求	完成并熟练掌握人物电夹板卷发服务流程与技术解析				
验收文档清单	被验收者任务工作单 4-9 被验收者任务工作单 4-10 被验收者任务工作单 4-11 被验收者任务工作单 4-12 文献检索清单				

验收评分	评分标准	分数	得分
	理解电夹板卷发技巧所产生的造型效果，错 1 处扣 3 分	20 分	
	掌握电夹板卷发的内扣、外翻造型流程，错 1 处扣 3 分	20 分	
	能掌握电夹板安全、规范的操作方法，错 1 处扣 3 分	20 分	
	具备熟练运用电夹板进行电夹板卷发造型的能力，错 1 处扣 3 分	20 分	
	具有以人为本、人文关怀的意识；学生在规范实操标准中，具有基层服务意识，不少于 4 项，缺 1 项扣 5 分	20 分	

评价分数	

不足之处	

任务工作单 4-15　小组间互评表

被评组号：_____

班级		评价小组		日期	
评价指标	评价内容			分数	分数评定
汇报表述	表述准确			15 分	
	语言流畅			10 分	
	准确反映各组完成情况			15 分	
内容正确度	理论正确			30 分	
	操作规范			30 分	
互评分数					
简要评述					

任务工作单 4-16　任务完成情况评价表

组号：_____　姓名：_____　学号：_____

任务名称		人物电夹板卷发服务流程与技术解析			总得分		
评价依据		学生完成的任务工作单 4-9、任务工作单 4-12					
序号	任务内容及要求		配分	评分标准	教师评价		
					结论	得分	
1	能理解电夹板卷发技巧所产生的造型效果	（1）描述正确	10分	缺1个要点扣1分			
		（2）语言表达流畅	10分	酌情赋分			
2	能掌握电夹板卷发的内扣、外翻造型流程	（1）描述正确	10分	缺1个要点扣1分			
		（2）语言表达流畅	10分	酌情赋分			
3	能掌握电夹板的安全、规范的操作方法	（1）理论完整准确	10分	缺1个要点扣2分			
		（2）实操规范科学	10分	酌情赋分			
4	具备熟练运用电夹板进行电夹板卷发造型的能力	（1）理论完整准确	10分	缺1个要点扣2分			
		（2）实操规范科学	10分	酌情赋分			
5	素养评价	（1）沟通交流能力	20分	酌情赋分，但违反课堂纪律，不听从组长、教师安排，不得分			
		（2）团队合作					
		（3）课堂纪律					
		（4）合作探学					
		（5）自主研学					
		（6）具有以人为本的意识					
		（7）具有人文关怀的意识					
		（8）具有严格规范实操标准的意识					
		（9）具有基层服务意识					

模块 5
电卷棒造型服务

项目 5.1　人物形象电卷棒水平方向卷发服务

通过学习本项目的内容，完成相应的任务，我们会对水平方向卷发手法和产生的效果进行基本的认知，在剖析理解卷入和反出两种造型特征后，进一步深刻理解水平方向的卷发特点，为后续电卷棒的学习打下坚实的基础。

任务 5.1.1　人物形象水平卷入服务流程与技术解析

5.1.1.1　任务描述

完成对水平卷入手法技术和相关服务流程的解析，并完成任务工单。

5.1.1.2　学习目标

1. 知识目标

（1）了解中国传统卷发造型和卷发造型工具。

（2）熟悉电卷棒的型号分类和结构。

2. 能力目标

（1）能掌握电卷棒正确的使用方法、造型流程。

（2）能使用电卷棒水平卷入技巧造型。

3. 素养目标

（1）弘扬中华传统文化，传承优秀技艺。

（2）点赞民族智慧，坚定文化自信，树立民族自豪感。

微课：电卷棒水平
卷入技术解析（一）

5.1.1.3　重点难点

1. 重点

清楚电卷棒及造型工具的正确使用方法。

2. 难点

（1）电卷棒卷发过程中，加热停留时间的把控。

（2）掌握电卷棒水平卷入的技巧。

微课：电卷棒水平
卷入技术解析（二）

5.1.1.4 相关知识链接

1.卷发工具的演变史

（1）电卷棒卷发的定义。电卷棒卷发属于烫发的一种，烫发的定义通俗来讲，就是通过物理和化学的方法改变头发形状的技术，包括火钳烫、电钳烫和化学烫等。

（2）早期卷发工具。卷发技术主要采用火钳（图 5-1）烫发的方法。火钳烫发是利用高温加热烫发钳，通过氧化和还原反应对发丝的结构进行改变，从而实现直发向卷曲形态的转变（图 5-2、图 5-3）。即使在现代，一些传统理发店仍保留着火钳烫发这一经典方法，以保持对历史技术的尊重和传承。火钳烫发作为一项经典技艺，彰显了对中华传统美发文化的崇尚和推崇。

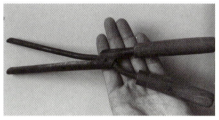  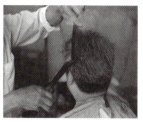

图 5-1　早期烫发工具——火钳　　图 5-2　火钳加热过程　　图 5-3　火钳烫发过程

（3）现今流行的卷发工具。如今市场上涌现出了许多新型卷发棒，例如蛋卷卷发棒（图 5-4），采用按压式操作，利用热能激活发丝，实现卷发效果。还有自动卷发棒（图 5-5），通过智能吸附机制，自动卷取发丝并施加热力，带来便捷的卷发体验。然而，这些卷发棒的款式相对单一，作出的造型变化较少，无法满足个性化造型的需求。因此，需要学习使用手动卷发棒（图 5-6）技术，这是专业沙龙中常见的技术。手动卷发棒可以根据需求，创造多种不同款式的卷发造型，通过掌握合适的温度、时间和卷曲力度，精确打造出多样化、时尚且富有层次感的卷发效果。

图 5-4　蛋卷卷发棒　　　　图 5-5　自动卷发棒　　　　图 5-6　手动卷发棒

2.电卷棒的认识

（1）型号分类。从型号的角度分类，这里的型号一般指的是电卷棒的直径，市面上常见的型号为 9~32 mm，直径越大，造型卷度就越大。9~22 mm 的电卷棒，一般适用于肩以上的短发；25 mm 的电卷棒，适用于肩以下的中长发；超长发可以选择 28 mm、

32 mm 的电卷棒。在没有具体的造型要求时，可以参考头发长度选择电卷棒的型号，但是并非短发就要使用小直径的电卷棒，长发就使用大直径的电卷棒，具体应根据造型卷度的需求来选择电卷棒的型号（图 5-7）。

（2）电卷棒结构。电卷棒的主要结构包括隔热头部、发热管、隔热支架、温度显示屏、按压手柄、电源开关、温度调节键、手柄、旋转电源线（图 5-8）。

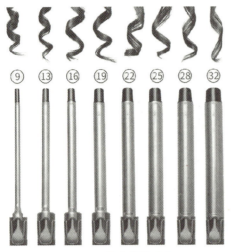

图 5-7　电卷棒的型号

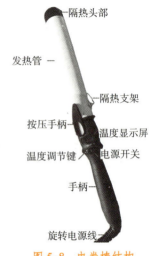

图 5-8　电卷棒结构

3. 电卷棒水平卷入卷发操作流程

（1）头部位置：端正（图 4-6）。

（2）分区：四分区（图 4-7、图 4-8）。

（3）分份：水平分份（图 4-9）。

（4）卷发方向：水平卷入（图 5-9）。

（5）提升角度：45°（图 5-10）。

图 5-9　水平卷入卷发方向

图 5-10　45°提升角度

（6）身体站位：正位（图 5-11）。

（7）发尾控制：向内重叠（图 5-12）。

图 5-11　正位身体站位

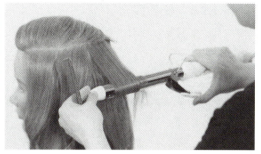
图 5-12　发尾控制向内重叠

4. 电卷棒使用注意事项

（1）安全用电是至关重要的。在使用电卷棒前，确保电卷棒表面干燥，检查电源是否正常，并在头发完全吹干后再开始使用。

（2）避免接触电卷棒的发热管部位。

（3）在使用过程中，暂时不需要使用电卷棒操作时，应将电卷棒的隔热支架撑开，再平稳地将电卷棒放置在桌面上。

（4）正确控制发片的厚度以及加热次数也很关键。过厚的发片容易造成加热不均匀，而对同一发片的加热时间不要过久，长时间的加热停留可能会产生静电。

（5）全头卷发完毕后，一定要记住关闭电卷棒电源，待发片冷却后打理造型，可以使用造型产品。

5. 水平卷入的操作要点

（1）三个水平：分份需要水平分份，分份线尽量干净；工具需要水平摆放；发片水平卷入，发尾向内重叠。

（2）两侧卷发时，起圈高度一致，提升角度为 45°。

（3）卷入发片时，两只手分别握住手柄、隔热头部，一起卷入。

操作视频：电卷棒
水平卷入技术解析

5.1.1.5　素养养成

（1）在了解学习电卷棒早期工具和传统烫发技艺时，深刻体会中华传统文化的博大精深，传承优秀技艺。

（2）在电卷棒演变史的学习中，对于工具不断地演变改进，卷发造型的创新创意，更加坚定文化自信，树立民族自豪感。

5.1.1.6 任务实施

1.任务分组

学生任务分配表

班级		组号		指导教师	
组长		学号			
组员	姓名	学号	姓名	学号
任务分工				

2. 自主探究

任务工作单 5-1　自主探究 1

组号：＿＿＿＿＿＿＿　　姓名：＿＿＿＿＿＿＿　　学号：＿＿＿＿＿＿＿

引导问题 1：结合实际，思考卷发造型设计需要考虑的因素。

_____

_____

引导问题 2：观察图 5-13 所示的卷发造型，结合卷发造型设计需要考虑的因素进行分析。

图 5-13　水平卷入造型

_____

_____

任务工作单 5-2　自主探究 2

组号：＿＿＿＿＿＿＿　　姓名：＿＿＿＿＿＿＿　　学号：＿＿＿＿＿＿＿

引导问题：根据电卷棒卷发造型基本流程的内容，完成下列表格。

头部位置	
分区	
分份	
卷发方向	
提升角度	
身体站位	
发尾控制	

3. 合作研学

任务工作单 5-3　合作研学

组号：_____　　姓名：_____　　学号：_____

合作研学步骤 1：小组交流讨论，教师参与，分析水平卷入方向发型特点，小组推荐一个代表提炼总结，根据特点，分享水平卷入方向卷发造型设计考虑因素的具体内容。

_____

_____

合作研学步骤 2：根据电卷棒基本造型流程，小组交流讨论，填写水平卷入操作手法相关表格。

操作手法	水平卷入
头部位置	
分区	
分份	
卷发方向	
提升角度	
身体站位	
发尾控制	

4. 展示赏学

任务工作单 5-4　展示赏学

组号：_____　　姓名：_____　　学号：_____

展示赏学步骤 1：借鉴每组经验，进一步优化完善水平卷入造型设计因素的认知，每小组推荐一名代表来分享小组学习体会。

_____

展示赏学步骤 2：尝试操作水平卷入发片，并总结归纳相关操作技术要领。

操作手法	水平卷入
头部位置	
分区	
分份	
卷发方向	
提升角度	
身体站位	
发尾控制	

展示赏学步骤 3：总结归纳在操作中遇到的问题。

_____

5.1.1.7 评价反馈

任务工作单 5-5　个人自评表

组号：＿＿＿＿＿＿　　姓名：＿＿＿＿＿＿　　学号：＿＿＿＿＿＿

班级		组名		日期	
评价指标	评价内容			分数	分数评定
信息检索	能有效利用网络、图书资源查找有用的相关信息等；能将查到的信息有效地传递到学习中			10分	
感知课堂生活	理解行业特点，认同工作价值；在学习中能获得满足感			10分	
参与态度	积极主动与教师、同学交流，相互尊重、理解、平等；与教师、同学之间能够保持多向、丰富、适宜的信息交流			10分	
	能处理好合作学习和独立思考的关系，做到有效学习；能提出有意义的问题或能发表个人见解			10分	
知识获得	1.了解中国传统卷发造型和卷发造型工具			10分	
	2.清楚电卷棒的型号分类，熟悉电卷棒的结构			10分	
	3.掌握电卷棒正确的使用方法、造型流程			10分	
	4.具备使用电卷棒水平卷入技巧造型的能力			10分	
思维态度	能发现问题、提出问题、分析问题、解决问题、创新问题			10分	
自评反馈	按时按质完成任务；较好地掌握了知识点；具有较强的信息分析能力和理解能力；具有较为全面严谨的思维能力并能条理清楚地表达成文			10分	
自评分数					
有益的经验和做法					
总结反馈建议					

任务工作单 5-6　小组内互评验收表

组号：_____　姓名：_____　学号：_____

验收组长		组名		日期	
组内验收成员					
任务要求	完成并熟练掌握人物形象水平卷入服务流程与技术解析				
验收文档清单	被验收者任务工作单 5-1 被验收者任务工作单 5-2 被验收者任务工作单 5-3 被验收者任务工作单 5-4 文献检索清单				
验收评分	评分标准			分数	得分
	清楚中国传统卷发造型和卷发造型工具，错 1 处扣 3 分			20 分	
	清楚电卷棒的型号分类，熟悉电卷棒的结构，错 1 处扣 3 分			20 分	
	熟练掌握电卷棒正确的使用方法、造型流程，错 1 处扣 3 分			20 分	
	具备运用电卷棒水平卷入技巧造型的能力，错 1 处扣 3 分			20 分	
	弘扬中华传统文化，传承优秀技艺；点赞民族智慧，坚定文化自信，树立民族自豪感，不少于 4 项，缺 1 项扣 5 分			20 分	
评价分数					
不足之处					

任务工作单 5-7 小组间互评表

被评组号：_____

班级		评价小组		日期	
评价指标	评价内容			分数	分数评定
汇报表述	表述准确			15 分	
	语言流畅			10 分	
	准确反映各组完成情况			15 分	
内容正确度	理论正确			30 分	
	操作规范			30 分	
互评分数					
简要评述					

任务工作单 5-8 任务完成情况评价表

组号：＿＿＿＿＿＿＿　　姓名：＿＿＿＿＿＿＿　　学号：＿＿＿＿＿＿＿

任务名称		人物形象水平卷入服务流程与技术解析			总得分		
评价依据		学生完成的任务工作单 5-1、任务工作单 5-4					
序号	任务内容及要求		配分	评分标准	教师评价		
					结论	得分	
1	能清楚中国传统卷发造型和卷发造型工具	（1）描述正确	10分	缺1个要点扣1分			
		（2）语言表达流畅	10分	酌情赋分			
2	能清楚电卷棒的型号分类，熟悉电卷棒的结构	（1）描述正确	10分	缺1个要点扣1分			
		（2）语言表达流畅	10分	酌情赋分			
3	熟练掌握电卷棒正确的使用方法、造型流程	（1）理论完整准确	10分	缺1个要点扣2分			
		（2）实操规范科学	10分	酌情赋分			
4	具备运用电卷棒水平卷入技巧造型的能力	（1）理论完整准确	10分	缺1个要点扣2分			
		（2）实操规范科学	10分	酌情赋分			
5	素养评价	（1）沟通交流能力	20分	酌情赋分，但违反课堂纪律，不听从组长、教师安排，不得分			
		（2）团队合作					
		（3）课堂纪律					
		（4）合作探学					
		（5）自主研学					
		（6）具有弘扬中华传统文化的精神					
		（7）具有传承优秀技艺的精神					
		（8）具有点赞民族智慧、坚定文化自信的精神					
		（9）具有民族自豪感					

任务 5.1.2　人物形象水平反出服务流程与技术解析

5.1.2.1　任务描述

完成对水平反出手法技术和相关服务流程的解析，并完成任务工单。

5.1.2.2　学习目标

1.知识目标

（1）了解水平卷入、水平反出技巧的区别。

（2）熟悉电卷棒水平反出技巧的流程和造型方法。

2.能力目标

（1）具备熟练运用电卷棒进行水平反出造型的能力。

（2）掌握水平反出造型打理技巧，提升造型审美。

3.素养目标

（1）知晓坚持工作效率和质量在发型设计中的重要性。

（2）培养一丝不苟的精神，尊重科学的工作态度。

微课：电卷棒水平反出技术解析（一）

5.1.2.3　学习重点难点

1.重点

对于卷发形态的控制，提升造型审美。

2.难点

实操做到操作规范，提升操作速度与质量。

5.1.2.4　相关知识链接

1.水平反出的适应性

微课：电卷棒水平反出技术解析（二）

（1）水平反出技巧作出来的造型是比较张扬的，如图 5-14 中脖颈位置的发片，是向内收缩的感觉，达到了修饰颈部线条的效果。水平反出的手法可以适用于颈部修饰。

（2）颈部位于连接头部和身体的位置，通常，它与整体的体型特征相对应。在设计发型中就需要考虑颈部特征，从下颚至锁骨的距离为颈部标准长度，应是自身头部长度的一半，也就是 0.5 个头。短于这个距离的，则被判断为短颈，长于这个距离的，则被判断为长颈，而水平反出的造型技巧，比较适合短颈，可以起到修饰作用，视觉上拉长颈部线条（图 5-15）。

图 5-14　电卷棒水平反出技巧卷发造型

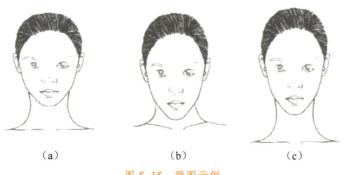

（a） （b） （c）

图 5-15 颈图示例

（a）正常颈；（b）短颈；（c）长颈

（3）在发型设计中，除需要考虑颈形外，还需要考虑的就是脸型，常见的脸型有椭圆形、圆形、方形、长方形、三角形、菱形、心形（图 5-16）。电卷棒水平反出技巧呈现出的是收缩的效果，就更适合于椭圆形脸型、圆形脸型，面部轮廓线条偏柔和的人群。

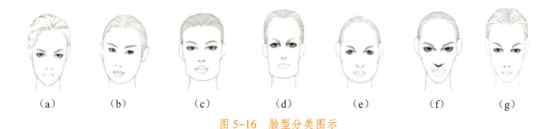

（a） （b） （c） （d） （e） （f） （g）

图 5-16 脸型分类图示

（a）椭圆形；（b）圆形；（c）方形；（d）长方形；（e）三角形；（f）菱形；（g）心形

1）椭圆形：通常被称为标准脸型，面部比例比较协调，面型缺乏特点。

2）圆形：圆形脸型的形状看起来短而宽，通常有一条低而圆的发际线、短下巴和一条圆下颌线，有减龄感但通常缺乏立体感。

3）方形：方形脸型形状短、宽，有棱角、直线。前发际线和下颚线几乎是水平的，颧骨在两侧几乎没有凸出，棱角分明有严肃感，缺乏生动性。

4）长方形：长方形脸型是长、窄和有角度的。下颌线很宽，几乎是水平的。颧骨几乎不凸出，有时会导致面部侧面线条太平，棱角分明有严肃感，缺乏生动性。

5）三角形：三角形脸型通常较长，前额较窄，下巴较宽，下颌线明显。细长的侧面区域会使脸颊和下巴变细，面型敦实，缺乏精致感。

6）菱形：菱形脸型显得细长而棱角分明。最宽的区域是颧骨，而前额和下巴则较窄。侧面窄，下巴凸出，面部立体感强，比较有特色，缺乏温柔感。

7）心形：心形脸型长而棱角分明。前额较宽，而下巴区域拉长且尖。下颚线窄有延伸感，下巴尖而凸出，面部缺乏圆润感。

2. 电卷棒水平反出卷发操作流程

（1）头部位置：端正（图 4-6）。

（2）分区：四分区（图 4-7、图 4-8）。

（3）分份：水平分份（图 5-17）。

图 5-17 水平分份

（4）卷发方向：水平反出（图 5-18）。

（5）提升角度：30°（图 5-19）。

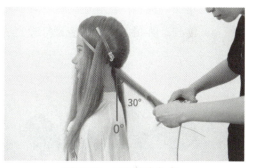

图 5-18 水平反出卷发方向　　　　　　　图 5-19 30°提升角度

（6）身体站位：正位（图 5-20）。

（7）发尾控制：向外重叠（图 5-21）。

图 5-20 正位身体站位　　　　　　　图 5-21 发尾控制向外重叠

3. 水平反出操作的注意事项与要点分析

（1）三个水平：分份需要水平分份，分份线尽量干净；工具需要水平摆放；发片以水平的方向、反出的手法卷进，发尾向外重叠。

（2）水平反出操作前可以先将发片用电卷棒进行抛光带顺，再操作水平反出技巧。

（3）两侧卷发时，起圈高度一致，提升角度为30°。

（4）在操作过程中，可将卷好的发片放置于两侧，再继续向上操作。

操作视频：电卷棒水平反出技术解析

（5）发尾反出效果表现较为明显，但不要反复长时间加热发尾，这样做容易产生静电，导致造型整体效果毛躁。

（6）在水平反出技巧的造型中，脖颈处的卷发效果一般为收紧效果，所以，若是水平反出与其他技巧组合使用时，一定注意水平反出技巧运用的位置，以达到良好的修饰脖颈的效果。

4. 造型产品及打理技巧

（1）造型产品（图 5-22）。

1）发蜡：膏状，适用于卷发后打理做出纹理感，发丝比较有光泽，湿发有造型感。

2）发泥：膏状，适用于发根抓出蓬松度，发中发尾的纹理感，造型比较轻盈。

3）精油：油状，具有流动性。其作用是使头发更加光泽、顺滑，修护受损发质。

4）发胶：雾状，适用于造型打理完成后，进行定型。

（a）   （b）   （c）   （d）

图 5-22 不同造型产品图示

（a）发蜡；（b）发泥；（c）精油；（d）发胶

（2）产品打理技巧。首先，使用精油护发，取一到两泵精油，具体根据发量来定，均匀地在掌心推开，揉搓散开到手指指缝间，再以手指代梳，避开发根，从发中将精油均匀抹至头发发丝，发尾的量可以稍微多一点，使头发更具有光泽度；然后，使用发泥或发蜡，一般用手指取一颗豌豆大小的量，揉搓散开到手指指缝间，再以手指代梳，均匀少量地抹至发根，使发根蓬松，稳定发根方向，再将手上剩下的发泥，抹至发中发尾，进行发型的形态、纹理打理；最后，使用发胶定型，可少量多次，喷发胶时应注意发胶与头发之间的距离，不要近距离释放产品。

5.1.2.5 素养养成

（1）在分析理解斜向前卷入的呈现效果时，要坚持工作效率和质量在发型设计中的重要性。

（2）在斜向前手法训练中，要培养一丝不苟的精神及尊重科学的工作态度。

5.1.2.6 任务实施

1.任务分组

学生任务分配表

班级		组号		指导教师	
组长		学号			
组员	姓名	学号	姓名	学号	
任务分工					

2. 自主探究

组号：＿＿＿＿＿＿　　　姓名：＿＿＿＿＿＿　　　学号：＿＿＿＿＿＿

引导问题 1：通过观察图 5-23、图 5-24 所示的卷发造型，分析整理出水平卷入与水平反出发型的特点，完成下列表格的填写。

 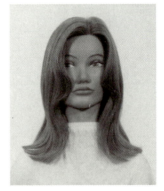

图 5-23　水平卷入造型　　　　　　　图 5-24　水平反出造型

特点	水平卷入	水平反出
形态		
流向		
发尾方向		

引导问题 2：谈谈水平反出适合什么样脸型、头型和发质的人群。

＿＿＿

＿＿＿

任务工作单 5-10　　自主探究 2

组号：＿＿＿＿＿＿　　　姓名：＿＿＿＿＿＿　　　学号：＿＿＿＿＿＿

引导问题 1：根据电卷棒卷发造型基本流程的内容，完成下列表格的填写。

头部位置	
分区	
分份	
卷发方向	
提升角度	
身体站位	
发尾控制	

引导问题 2：通过网络收集造型产品种类和作用，结合实际卷发造型操作，分析整理出卷发造型的打理技巧，不少于三点。

_____

_____

_____

3. 合作研学

任务工作单 5-11　合作研学

组号：_____　　姓名：_____　　学号：_____

合作研学步骤 1：小组交流讨论，教师参与，分析水平反出的特点、适应性，完成下列表格的填写。

水平反出	特点			适应性		
	形态	流向	发尾方向	脸型	头型	发质
小组讨论与总结						

合作研学步骤 2：根据电卷棒基本造型流程，小组交流讨论，填写、完善水平反出操作手法相关表格。

操作手法	水平反出
头部位置	
分区	
分份	
卷发方向	
提升角度	
身体站位	
发尾控制	

合作研学步骤 3：小组交流讨论，教师参与，结合造型产品作用及实际卷发造型操作，总结归纳卷发造型的打理技巧。

_____

_____

4. 展示赏学

任务工作单 5-12   展示赏学

组号：_____　　姓名：_____　　学号：_____

展示赏学步骤 1：借鉴每组经验，进一步优化完善水平反出手法的认知，每小组推荐一名代表来分享小组学习体会。

水平反出	特点			适应性		
	形态	流向	发尾方向	脸型	头型	发质
小组讨论与总结						

展示赏学步骤 2：尝试操作水平反出发片，并总结归纳相关操作技术要领。

操作手法	水平反出
头部位置	
分区	
分份	
卷发方向	
提升角度	
身体站位	
发尾控制	

展示赏学步骤 3：每小组推荐一位代表来分享小组讨论归纳的卷发造型打理技巧。

_____

_____

5.1.2.7 评价反馈

任务工作单 5-13 个人自评表

组号：_____ 姓名：_____ 学号：_____

班级		组名		日期	
评价指标	评价内容			分数	分数评定
信息检索	能有效利用网络、图书资源查找有用的相关信息等；能将查到的信息有效地传递到学习中			10分	
感知课堂生活	理解行业特点，认同工作价值；在学习中能获得满足感			10分	
参与态度	积极主动与教师、同学交流，相互尊重、理解、平等；与教师、同学之间能够保持多向、丰富、适宜的信息交流			10分	
	能处理好合作学习和独立思考的关系，做到有效学习；能提出有意义的问题或能发表个人见解			10分	
知识获得	1.了解水平卷入、水平反出技巧的区别			10分	
	2.清楚电卷棒水平反出技巧的流程			10分	
	3.具备运用电卷棒进行水平反出技巧造型的能力			10分	
	4.掌握造型打理技巧，提升造型审美			10分	
思维态度	能发现问题、提出问题、分析问题、解决问题、创新问题			10分	
自评反馈	按时按质完成任务；较好地掌握了知识点；具有较强的信息分析能力和理解能力；具有较为全面严谨的思维能力并能条理清楚地表达成文			10分	
自评分数					
有益的经验和做法					
总结反馈建议					

任务工作单 5-14 小组内互评验收表

组号：_____ 姓名：_____ 学号：_____

验收组长		组名		日期	
组内验收成员					
任务要求	完成并熟练掌握人物形象水平反出服务流程与技术解析				
验收文档清单	被验收者任务工作单 5-9 被验收者任务工作单 5-10 被验收者任务工作单 5-11 被验收者任务工作单 5-12 文献检索清单				

验收评分	评分标准	分数	得分
	理解水平卷入、水平反出技巧的区别，错 1 处扣 3 分	20 分	
	掌握电卷棒水平反出技巧的流程，错 1 处扣 3 分	20 分	
	具备熟练操作电卷棒进行水平反出造型的能力，错 1 处扣 3 分	20 分	
	掌握造型打理技巧，提升造型审美，错 1 处扣 3 分	20 分	
	在发型设计中坚持提高效率，保证工作质量；具备一丝不苟的精神，以及尊重科学的工作态度，不少于 4 项，缺 1 项扣 5 分	20 分	

评价分数	

不足之处	

任务工作单 5-15　小组间互评表

被评组号：＿＿＿＿＿＿＿＿＿＿

班级		评价小组		日期	
评价指标	评价内容			分数	分数评定
汇报表述	表述准确			15 分	
	语言流畅			10 分	
	准确反映各组完成情况			15 分	
内容正确度	理论正确			30 分	
	操作规范			30 分	
互评分数					
简要评述					

任务工作单 5-16　任务完成情况评价表

组号：＿＿＿＿＿＿　姓名：＿＿＿＿＿＿　学号：＿＿＿＿＿＿

任务名称		人物形象水平反出服务流程与技术解析		总得分	
评价依据		学生完成的任务工作单 5-9、任务工作单 5-12			
序号	任务内容及要求		配分	评分标准	教师评价
					结论	得分

序号	任务内容及要求		配分	评分标准	结论	得分
1	能理解水平卷入、水平反出技巧的区别	（1）描述正确	10 分	缺 1 个要点扣 1 分		
		（2）语言表达流畅	10 分	酌情赋分		
2	能掌握电卷棒水平反出技巧的流程	（1）描述正确	10 分	缺 1 个要点扣 1 分		
		（2）语言表达流畅	10 分	酌情赋分		
3	具备熟练运用电卷棒进行水平反出造型的能力	（1）理论完整准确	10 分	缺 1 个要点扣 2 分		
		（2）实操规范科学	10 分	酌情赋分		
4	掌握造型打理技巧，提升造型审美	（1）理论完整准确	10 分	缺 1 个要点扣 2 分		
		（2）实操规范科学	10 分	酌情赋分		
5	素养评价	（1）沟通交流能力	20 分	酌情赋分，但违反课堂纪律，不听从组长、教师安排，不得分		
		（2）团队合作				
		（3）课堂纪律				
		（4）合作探学				
		（5）自主研学				
		（6）在发型设计中坚持提高效率，保证工作质量				
		（7）具备一丝不苟的精神				
		（8）具有尊重科学的工作态度				

项目 5.2　人物形象电卷棒斜向前方向卷发服务

通过学习本项目的内容，完成相应的任务，我们会对斜向前方向卷发手法和产生的效果进行基本的认知，在剖析理解了卷入和反出两种造型特征后，进一步深刻理解斜向前方向的卷发特点，为时尚电卷棒造型打下坚实的基础。

任务 5.2.1　人物形象斜向前卷入服务流程与技术解析

5.2.1.1　任务描述

完成对斜向前卷入手法技术和相关服务流程的解析，并完成任务工单。

5.2.1.2　学习目标

1.知识目标

（1）了解斜向前卷入方向所产生的造型效果。

（2）掌握斜向前卷入方向的各造型流程。

2.能力目标

（1）能熟练操作电卷棒进行斜向前卷入造型。

（2）能根据顾客需求和发质情况，对斜向前卷入进行个性化打理造型。

微课：人物斜向前卷入服务流程与技术解析（一）

3.素养目标

（1）培养敬业精神。

（2）培养正确的审美观和价值观。

（3）注重专业实训，具备坚持理论联系实际、脚踏实地、精益求精、严谨求实的大国工匠精神。

5.2.1.3　学习重点难点

1.重点

电卷棒的摆放位置和发尾控制。

2.难点

两侧起卷位置的对称性。

微课：人物斜向前卷入服务流程与技术解析（二）

5.2.1.4　相关知识链接

1.造型基础标准

电卷棒造型有八个基础方向的手法，分别是水平卷入、水平反出、斜向前卷入、斜向前反出、斜向后卷入、斜向后反出、垂直向前和垂直向后。所有造型都是由这八个方向的造型手法单独或组合而成的。所以，这八大手法就是一个操作标准，只有熟练掌握了这八个方向的标准手法，才可以利用一些创作规律，结合不同的起卷高度、不同的卷度大小，来设计组合出各式各样的造型。那么，在电卷棒造型设计中，方向的手法运用尤其重要。

2.造型手法中的方向

（1）在电卷棒造型设计中，方向是指头发的梳理方向或造型后头发的流向。

（2）在造型手法中，方向的判断方法，要判断出哪里是前，哪里是后，我们通常以头部为参照标准，脸部为前，后脑为后，如图5-25所示。

（3）方向在造型中的指导意义。例如，斜向前方向，头发的造型流向（图5-26）就是倾斜向前的，也就是看起来头发的流向是往面部的方向梳理的。斜向后方向，就是头发的造型流向是倾斜向后的，也就是看起来是往后脑部这个方向梳理的。再加上卷入或者反出的手法，就形成了一个基础的方向性手法了。

前 ⟵⟶ 后

图5-25　造型手法中的方向

图5-26　造型流向

当然，在实际运用中，都会运用到一些组合的手法，例如，会使用到两种以上的操作手法，这样会使整个造型更加柔和自然，更加符合不同的顾客需求。单一的手法会在局部呈现，而且单一的手法是基础。只有将基础打牢了，才能在以后的学习中融入更多的组合和设计。

3.斜向前卷入造型手法所呈现出来的效果

（1）手法名称。斜向前卷入又称饱满向前。

（2）效果特征。头发的卷度是往外凸出的，产生了一个向外扩张、饱满的效果。并且，头发的流向是梳往面部的，也就是往前面包裹过去的（图5-27、图5-28）。

图5-27　左侧发片效果

图5-28　右侧发片效果

4.斜向前卷入的适应性

斜向前，制造出向前的流向，在两侧使用这个技巧，可以有效地遮挡和修饰面部，同时，又增加了两侧头发的重量感。特别是针对一些脸型偏宽者，或者面部线条比较硬朗的顾客，我们就可以运用这个方向，再结合卷入的手法，制造出饱满的效果。如果头发的长度是中等长度，在发干和发尾位置使用大号电卷棒来操作斜向前卷入，就会呈现出内扣的效果。

5.斜向前卷入的操作流程

（1）头部位置。端正的头位，这更有利于我们很好地进行观察和操作（图5-29）。

图 5-29　端正头位

（2）分区。四分区又称十字分区的方法，即前后分区，左右分区，通常我们会找到头顶点的位置，然后，再找到耳上或耳后的位置，两点相连，就可以分出前后两个区域了，但是，值得注意的是，在做真人操作的时候，如果顾客两侧的发量偏少，我们在前后分区时，线条就要划分到耳后去，使两侧的头发稍微多一些，这样，有了一定的发量，才能为造型预留可塑的空间，顾客从正面看过去，才能最直观地观察到效果（图5-30、图5-31）。

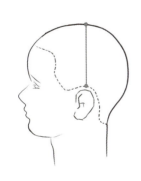

图 5-30　四分区顶点与耳上图

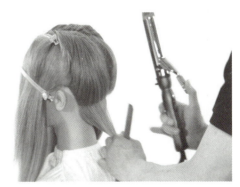

图 5-31　四分区操作

（3）分份。水平或斜向后的分份。注意：当分份线条的方向是斜向后时，与卷发梳理的方向不同，但是与电卷棒的摆放方向是相同的。通常，在实际操作中，我们以水平分份的操作居多（图5-32）。

（4）工具的摆放位置。这里的工具特指电卷棒，如图 5-32 所示，采用斜向后摆放，前高后低，放在发片的下方（图 5-33）。

图 5-32　水平分份

图 5-33　电卷棒摆放在发片下方

注意：两侧都采用前高后低、斜向后的摆放位置（这里的方向特指面部为前，后脑为后），这样才能呈现出斜向前的流向和堆积的效果。

左侧，斜向后摆放如图 5-34 所示，右侧，斜向后摆放如图 5-35 所示。

图 5-34　左侧电卷棒摆放位置

图 5-35　右侧电卷棒摆放位置

注意：电卷棒左右两侧要保持同样的倾斜度，为 15°~30°。同时，要做到左右两边对称（图 5-36、图 5-37）。

图 5-36　左侧电卷棒倾斜度

图 5-37　右侧电卷棒倾斜度

（5）发尾控制。向后缠绕，也就是发尾经过电卷棒以后，是向后方缠绕的，这个向后的方向，也是以后脑的方向作为参照，左右两侧采用相同的方式，以保证对称（图 5-38）。

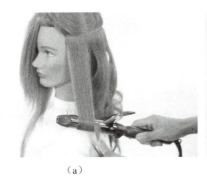
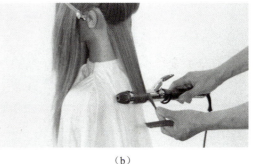

（a）   （b）

图 5-38　发尾控制

（a）示意一；（b）示意二

（6）提升角度。提升角度为 30°~45°，大于 45° 提升可以产生更大的支撑力和饱满效果（图 5-39）。

图 5-39　提升角度

（7）身体站位：我们站在发片的正后位或侧后位，这个取决于是左右两侧都使用相同的一只手来操作，还是分别在两侧采用不同的两只手来操作（图 5-40、图 5-41）。

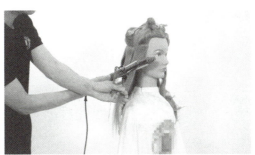

图 5-40　发片正后位　　　　　　　　　　　图 5-41　发片侧后位

5.2.1.5　素养养成

（1）在分析斜向前方向特征时，养成勇于钻研、积极思考的良好习惯。

（2）在分析理解斜向前卷入的呈现效果时，树立正确的审美观，要养成良好健康的审美情趣。

操作视频：电卷棒斜向前卷入技术解析

（3）在斜向前手法训练中，弘扬爱岗敬业、吃苦耐劳的精神。

5.2.1.6　任务实施

1. 任务分组

学生任务分配表

班级		组号		指导教师	
组长		学号			
	姓名	学号		姓名	学号
组员					
任务分工					

2. 自主探究

任务工作单 5-17　自主探究 1

组号：＿＿＿＿＿＿　　姓名：＿＿＿＿＿＿　　学号：＿＿＿＿＿＿

引导问题 1：通过网络收集不同方向的卷入发型图片，分析整理出斜向前卷入发型的特点。

形态：

_____

_____

流向：

_____

_____

引导问题 2：谈谈斜向前卷入适合什么样脸型、头型和发质的人群。

_____

_____

引导问题 3：论述斜向前卷入发型风格。

_____

_____

任务工作单 5-18　自主探究 2

组号：＿＿＿＿＿＿　　姓名：＿＿＿＿＿＿　　学号：＿＿＿＿＿＿

引导问题：小组根据教师分配的资料和个人自主收集的资料，分别对资料进行分析，以 PPT 的形式图文并茂地分析出斜向前卷入相关发型的效果特征和风格特点。

斜向前卷入	造型与形态	纹理与流向
效果呈现		

斜向前卷入	风格特点	适合人群	
适应性		头型	
		脸型	
		发质	

3. 合作研学

任务工作单 5-19　合作研学

组号：＿＿＿＿＿＿　　姓名：＿＿＿＿＿＿　　学号：＿＿＿＿＿＿

合作研学步骤 1：小组交流讨论，教师参与，小组代表分享 PPT，分析斜向前卷入的特点，并讨论斜向前卷入的操作方法。

斜向前卷入	特征	风格	适应性
小组讨论与总结			

合作研学步骤 2：斜向前卷入的操作手法探究。

操作手法	斜向前卷入
头部位置	
分区	
工具摆放	
分份	
发尾控制	
提升角度	
身体站位	

4.展示赏学

任务工作单 5-20   展示赏学

组号：_____   姓名：_____   学号：_____

展示赏学步骤 1：借鉴每组经验，进一步优化完善斜向前卷入手法的认知，每小组推荐一名代表来分享小组学习体会。

斜向前卷入	特征	风格	适应性
小组讨论与总结			

展示赏学步骤 2：尝试操作斜向前卷入发片，并总结归纳相关操作技术要领。

操作手法	斜向前卷入
头部位置	
分区	
工具摆放	
分份	
发尾控制	
提升角度	
身体站位	

展示赏学步骤 3：总结归纳在操作中遇到的问题。

_____

_____

_____

_____

5.2.1.7 评价反馈

任务工作单 5-21 个人自评表

组号：_____ 姓名：_____ 学号：_____

班级		组名		日期	
评价指标	评价内容			分数	分数评定
信息检索	能有效利用网络、图书资源查找有用的相关信息等；能将查到的信息有效地传递到学习中			10分	
感知课堂生活	理解行业特点，认同工作价值；在学习中能获得满足感			10分	
参与态度	积极主动与教师、同学交流，相互尊重、理解、平等；与教师、同学之间能够保持多向、丰富、适宜的信息交流			10分	
	能处理好合作学习和独立思考的关系，做到有效学习；能提出有意义的问题或能发表个人见解			10分	
知识获得	1.理解斜向前卷发方向所产生的造型效果			10分	
	2.掌握斜向前卷入方向的各造型流程			10分	
	3.具备熟练运用电卷棒进行斜向前卷入造型手法的相关知识			10分	
	4.具备根据顾客需求和发质情况，对斜向前卷入进行个性化打理造型的相关知识			10分	
思维态度	能发现问题、提出问题、分析问题、解决问题、创新问题			10分	
自评反馈	按时按质完成任务；较好地掌握了知识点；具有较强的信息分析能力和理解能力；具有较为全面严谨的思维能力并能条理清楚地表达成文			10分	
自评分数					
有益的经验和做法					
总结反馈建议					

任务工作单 5-22　小组内互评验收表

组号：＿＿＿＿＿＿　　姓名：＿＿＿＿＿＿　　学号：＿＿＿＿＿＿

验收组长		组名		日期	
组内验收成员					
任务要求	完成并熟练掌握人物形象斜向前卷入服务流程与技术解析				
验收文档清单	被验收者任务工作单 5-17 被验收者任务工作单 5-18 被验收者任务工作单 5-19 被验收者任务工作单 5-20 文献检索清单				
验收评分	评分标准			分数	得分
	理解斜向前卷发方向所产生的造型效果，错 1 处扣 3 分			20 分	
	掌握斜向前卷入方向的各造型流程，错 1 处扣 3 分			20 分	
	具备熟练运用电卷棒进行斜向前卷入造型的能力，错 1 处扣 3 分			20 分	
	具备根据顾客需求和发质情况，对斜向前卷入进行个性化打理造型的能力，错 1 处扣 3 分			20 分	
	具有爱岗敬业的精神；具备正确的审美和价值观；注重专业实训，坚持理论联系实际，具有脚踏实地、精益求精、严谨求实的大国工匠精神，不少于 4 项，缺 1 项扣 5 分			20 分	
评价分数					
不足之处					

任务工作单 5-23　小组间互评表

被评组号：＿＿＿＿＿＿＿＿＿＿

班级		评价小组		日期	
评价指标		评价内容		分数	分数评定
汇报 表述		表述准确		15分	
		语言流畅		10分	
		准确反映各组完成情况		15分	
内容 正确度		理论正确		30分	
		操作规范		30分	
		互评分数			
简要评述					

任务工作单 5-24 任务完成情况评价表

组号：＿＿＿＿＿＿＿＿　姓名：＿＿＿＿＿＿＿＿　学号：＿＿＿＿＿＿＿＿

任务名称		人物形象斜向前卷入服务流程与技术解析			总得分		
评价依据		学生完成的任务工作单 5-17、任务工作单 5-20					
序号	任务内容及要求		配分	评分标准	教师评价		
					结论	得分	
1	能理解斜向前卷发方向所产生的造型效果	（1）描述正确	10 分	缺 1 个要点扣 1 分			
		（2）语言表达流畅	10 分	酌情赋分			
2	能掌握斜向前卷入方向的各造型流程	（1）描述正确	10 分	缺 1 个要点扣 1 分			
		（2）语言表达流畅	10 分	酌情赋分			
3	具备熟练运用电卷棒进行斜向前卷入造型手法的能力	（1）理论完整准确	10 分	缺 1 个要点扣 2 分			
		（2）实操规范科学	10 分	酌情赋分			
4	具备根据顾客需求和发质情况，对斜向前卷入进行个性化打理造型的能力	（1）理论完整准确	10 分	缺 1 个要点扣 2 分			
		（2）实操规范科学	10 分	酌情赋分			
5	素养评价	（1）沟通交流能力	20 分	酌情赋分，但违反课堂纪律，不听从组长、教师安排，不得分			
		（2）团队合作					
		（3）课堂纪律					
		（4）合作探学					
		（5）自主研学					
		（6）具有爱岗敬业的精神					
		（7）具有正确的审美和价值观					
		（8）注重专业实训，坚持理论联系实际					
		（9）具有脚踏实地、精益求精、严谨求实的大国工匠精神					

任务 5.2.2　人物形象斜向前反出服务流程与技术解析

5.2.2.1　任务描述

完成对斜向前反出手法技术和相关服务流程的解析，并完成任务工单。

5.2.2.2　学习目标

1. 知识目标

（1）了解斜向前反出方向所产生的造型效果。

（2）掌握斜向前反出方向的各造型流程。

2. 能力目标

（1）能熟练操作电卷棒进行斜向前反出造型。

（2）能根据顾客需求和发质情况，对斜向前反出进行个性化打理造型。

3. 素养目标

（1）培养爱岗敬业精神。

（2）培养正确的审美和价值观。

（3）注重专业实训，具备坚持理论联系实际、脚踏实地、精益求精、严谨求实的大国工匠精神。

5.2.2.3　重点难点

微课：人物斜向前反出服务流程与技术解析（一）　微课：人物斜向前反出服务流程与技术解析（二）

1. 重点

电卷棒的摆放位置和发尾控制。

2. 难点

两侧起卷位置的对称性。

5.2.2.4　相关知识链接

1. 卷入、反出与正负空间

卷入与反出（图 5-42）是卷发造型中最基本的两个卷发方向。卷入可以获得更加饱满的发量，在设计中产生膨胀感，制造出发量的堆积；而反出则能够产生一种中空的空间，在设计中产生收缩感，在视觉上去除了发量。因此，把卷入产生的空间叫作正空间；而反出产生的空间叫作负空间（图 5-43）。通过观察可以发现，做卷发造型时，正是因为有了这些正、负空间的参与，造型才会变得更加富有动感和空间感。

图 5-42　卷入与反出

图 5-43　正负空间

2. 斜向前反出的概念

斜向前反出又称收紧向前，顾名思义，这个手法的效果与斜向前卷入，也就是饱满向前的效果大不相同。同样都是向前的纹理走向，但是斜向前反出手法产生的是向内收缩的效果，发尾外放，极具动感。空间向内凹入，产生负空间，同时，去除了头发的重量，其卷发方向是倾斜向前方向的。

斜向前反出在实际操作中并不会大比例地运用，更多时候，是在局部进行一些连接和修饰。通常，斜向前反出的手法会被运用到脖子两侧和后颈部区域的头发（图5-44、图5-45）。

3. 斜向前反出的运用和适应性

有斜向前反出手法参与的发型，上下区域连接流畅，头顶部自然蓬松，但是，设计师并不会一味地延续这样的饱满效果，在靠近脖子两侧的位置，发丝流线向内收缩，与面部轮廓成反曲线，同时，发尾方向梳往靠近脸部的位置，形成一定的遮盖和修饰，在视觉上拉长了脖子的线条感，同时，将丰富的纹理和动感都呈现在造型的正前方，而且我们还可以看到，为了加强这样的效果，设计师会把后颈部的头发绕过颈部放在肩膀的前面。通常，为了让脖子周边的纹理感相匹配，都会把后颈部的头发放在肩膀的前面做堆积和融合。所以，斜向前反出手法制造出了收紧向前的效果，在这些发型的局部还是能够得到很充分的体现。

那么，斜向前反出使用在发型造型的中下层位置；通常运用在脖子两侧和后颈部，适用于脖子不够纤细的女士。这样，从视觉上挤压了脖子的空间，让脖子产生向内的收缩感（图5-46）。

图5-44　斜向前反出底区　　　图5-45　斜向前反出底区　　　图5-46　斜向前反出底区
　　　运用（一）　　　　　　　　运用（二）　　　　　　　　侧面流向

4. 斜向前反出手法的标准操作流程

（1）头部位置：采用端正的头部位置，其目的是在操作中更好地去观察和控制。

（2）分区：六分区。前后分区，左右分区，上下分区，一般我们会找到头顶点的位置，然后，再找到耳上或耳后的位置，两点相连，就可以分出前后两个区域了，与之前操作斜向前卷入的注意事项一样，我们在做真人操作时，如果顾客两侧的发量偏少，我们就要划分到耳后，让两侧的头发稍微多一些，这样，有了一定的发量，才能为造型预留可塑的空间。然后，再从耳朵顶点的位置水平划分，分出上下的区域。此时，两侧下部分的头发会采用斜向前反出的手法来操作。

因此，收紧效果会使这个区域头发的发量得到去除，然后，后颈部的两个区域要来打辅助，一定是要梳理到前面来进行收紧手法的操作的，这样，分区的作用就凸显出来了。可以利用分区来调整发量。头顶的区域就不再继续使用斜向前反出的手法，头顶符合大众审美的方式还是饱满效果居多。因此，合理的分区会使造型完成后，顾客从任何一个面看过去，前后都是连接的，上下是协调的，外形轮廓是自然有美感的（图5-47）。

（3）分份：水平/斜向前的分份。分份线的方向是斜向前的，与卷发梳理的方向相同，与电卷棒的摆放方向也是相同的。当然，在实际操作中，还是以水平分份的操作居多（图5-48、图5-49）。

图5-47　分区与发量控制　　　图5-48　水平分份（一）　　　图5-49　水平分份（二）

（4）电卷棒摆放位置：在斜向前反出的手法中，电卷棒采用斜向前摆放，如图5-50所示，前低后高，放在发片上方。这里，电卷棒的摆放位置和斜向前卷入是完全相反的。注意：电卷棒入卷时，弹片要去精准固定住、夹住发片，这个细微而快速的动作是需要同学们勤加练习的。另外就是预加热处理，通常在正式上卷之前，都会有一个对发片预加热，带顺发片的一个步骤，其目的是给发片做一个预加热，使头发的毛鳞片闭合，以达到顺滑光亮的质感，但是，在操作反出的手法时，如果将电卷棒反出位置摆放，也就是放在发片的上方来预加热和带顺头发，带顺的次数太多，头发的水分流失就会使头发表面产生毛躁，所以，预加热带顺这个步骤，电卷棒可以放在发片下面来进行，如果要将电卷棒放在发片上面来进行预加热带顺，次数一定要少，切不可在发片上反复滑动，导致发片毛躁，甚至产生静电。

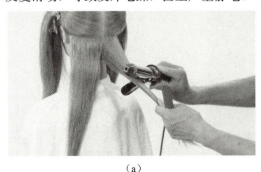
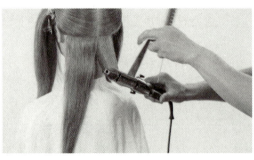

（a）　　　　　　　　　　　　　　　　　（b）

图5-50　电卷棒摆放在发片上方
（a）示意一；（b）示意二

电卷棒斜向前摆放，前低后高，如图5-51、图5-52所示，在操作过程中，应该始终保持30°~45°的倾斜度。

图5-51　右侧电卷棒摆放位置

图5-52　左侧电卷棒摆放位置

（5）发尾控制：斜向前反出手法要求发尾向前缠绕，如图5-53、图5-54所示，入卷后，发尾要甩到前面，然后再进行缠绕，左右两侧采用对称的手法。

图5-53　右侧发尾控制

图5-54　左侧发尾控制

（6）提升角度：在大部分的反出手法中，都会采用较低的提升角度，以获得收紧的效果，在斜向前反出手法中，我们采用0°~30°提升。无提升或低角度的提升，可以保证向内凹入的效果，以产生负空间（图5-55）。

（a）

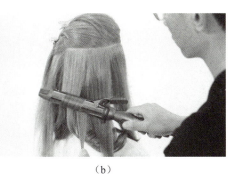

（b）

图5-55　低角度提升
（a）示意一；（b）示意二

（7）身体站位：正后位或侧前位，这个取决于是一直使用一只手来操作，还是分别在两侧采用不同的两只手来操作。在熟练掌握各种电卷棒操作手法后，身体站位会形成一个自然的条件反应（图5-56、图5-57）。

图 5-56　正后位　　　　　　　　　　　　　图 5-57　侧前位

5.2.2.5　素养养成

（1）在分析斜向前反出方向特征时，培养其爱岗敬业精神。

（2）在分析理解斜向前反出的呈现效果时，树立正确的审美观和价值观。

（3）在斜向前反出手法训练中，注重专业实训，具备坚持理论联系实际、脚踏实地、精益求精、严谨求实的大国工匠精神。

操作视频：电卷棒斜向前反出技术解析

5.2.2.6　任务实施

1. 任务分组

学生任务分配表

班级		组号		指导教师	
组长		学号			
组员	姓名	学号	姓名	学号	
任务分工					

2. 自主探究

任务工作单 5-25   自主探究 1

组号：＿＿＿＿＿＿＿   姓名：＿＿＿＿＿＿＿   学号：＿＿＿＿＿＿＿

引导问题 1：通过网络收集不同方向的反出发型图片，分析整理出斜向前反出发型的特点。

形态：

_____

_____

流向：

_____

_____

引导问题 2：谈谈斜向前反出适合什么样脸型、头型和发质的人群。

_____

_____

引导问题 3：论述斜向前反出发型风格。

_____

_____

任务工作单 5-26   自主探究 2

组号：＿＿＿＿＿＿＿   姓名：＿＿＿＿＿＿＿   学号：＿＿＿＿＿＿＿

引导问题：小组根据教师分配的资料和个人自主收集的资料，分别对资料进行分析，以 PPT 的形式图文并茂地分析出斜向前反出相关发型的效果特征和风格特点。

斜向前反出	造型与形态	纹理与流向
效果呈现		

斜向前反出	风格特点	适合人群
适应性		头型
		脸型
		发质

3. 合作研学

任务工作单 5-27　合作研学

组号：＿＿＿＿＿＿＿＿　　姓名：＿＿＿＿＿＿＿＿　　学号：＿＿＿＿＿＿＿＿

合作研学步骤 1：小组交流讨论，教师参与，小组代表分享 PPT，分析斜向前反出的特点，并讨论斜向前反出的操作方法。

斜向前反出	特征	风格	适应性
小组讨论与总结			

合作研学步骤 2：斜向前反出的操作手法探究。

操作手法	斜向前反出
头部位置	
分区	
工具摆放	
分份	
发尾控制	
提升角度	
身体站位	

4.展示赏学

任务工作单 5-28　展示赏学

组号：＿＿＿＿＿＿　　姓名：＿＿＿＿＿＿　　学号：＿＿＿＿＿＿

展示赏学步骤 1：借鉴每组经验，进一步优化完善斜向前反出手法的认知，每小组推荐一名代表来分享小组学习体会。

斜向前反出	特征	风格	适应性
小组讨论与总结			

展示赏学步骤 2：尝试操作斜向前反出发片，并总结归纳相关操作技术要领。

操作手法	斜向前反出
头部位置	
分区	
工具摆放	
分份	
发尾控制	
提升角度	
身体站位	

展示赏学步骤 3：总结归纳在操作中遇到的问题。

＿＿

＿＿

＿＿

＿＿

5.2.2.7 评价反馈

组号：_____　姓名：_____　学号：_____

班级		组名		日期	
评价指标	评价内容			分数	分数评定
信息检索	能有效利用网络、图书资源查找有用的相关信息等；能将查到的信息有效地传递到学习中			10分	
感知课堂生活	理解行业特点，认同工作价值；在学习中能获得满足感			10分	
参与态度	积极主动与教师、同学交流，相互尊重、理解、平等；与教师、同学之间能够保持多向、丰富、适宜的信息交流			10分	
	能处理好合作学习和独立思考的关系，做到有效学习；能提出有意义的问题或能发表个人见解			10分	
知识获得	1.了解斜向前反出方向所产生的造型效果			10分	
	2.掌握斜向前反出方向的各造型流程			10分	
	3.具备熟练运用电卷棒进行斜向前反出造型的能力			10分	
	4.具备根据顾客需求和发质情况，对斜向前反出进行个性化打理造型的能力			10分	
思维态度	能发现问题、提出问题、分析问题、解决问题、创新问题			10分	
自评反馈	按时按质完成任务；较好地掌握了知识点；具有较强的信息分析能力和理解能力；具有较为全面严谨的思维能力并能条理清楚地表达成文			10分	
自评分数					
有益的经验和做法					
总结反馈建议					

任务工作单 5-30　小组内互评验收表

组号：_____　姓名：_____　学号：_____

验收组长		组名		日期	
组内验收成员					
任务要求	完成并熟练掌握人物形象斜向前反出服务流程与技术解析				
验收文档清单	被验收者任务工作单 5-25 被验收者任务工作单 5-26 被验收者任务工作单 5-27 被验收者任务工作单 5-28 文献检索清单				

验收评分	评分标准	分数	得分
	理解斜向前反出方向所产生的造型效果，错 1 处扣 3 分	20 分	
	掌握斜向前反出方向的各造型流程，错 1 处扣 3 分	20 分	
	具备熟练运用电卷棒进行斜向前反出造型的能力，错 1 处扣 3 分	20 分	
	具备根据顾客需求和发质情况，对斜向前反出进行个性化打理造型的能力，错 1 处扣 3 分	20 分	
	具有爱岗敬业的精神，具备正确的审美和价值观；注重专业实训，坚持理论联系实际，具有脚踏实地、精益求精、严谨求实的大国工匠精神，不少于 4 项，缺 1 项扣 5 分	20 分	

评价分数	
不足之处	

任务工作单 5-31　小组间互评表

被评组号：＿＿＿＿＿＿＿＿＿＿

班级		评价小组		日期	
评价指标		评价内容		分数	分数评定
汇报表述		表述准确		15分	
		语言流畅		10分	
		准确反映各组完成情况		15分	
内容正确度		理论正确		30分	
		操作规范		30分	
互评分数					
简要评述					

任务工作单 5-32　任务完成情况评价表

组号：＿＿＿＿＿＿　　姓名：＿＿＿＿＿＿　　学号：＿＿＿＿＿＿

任务名称	人物形象斜向前反出服务流程与技术解析		总得分		
评价依据	学生完成的任务工作单 5-25、任务工作单 5-28				
序号	任务内容及要求	配分	评分标准	教师评价	
				结论	得分
1	能理解斜向前反出方向所产生的造型效果	（1）描述正确	10 分	缺 1 个要点扣 1 分		
		（2）语言表达流畅	10 分	酌情赋分		
2	能掌握斜向前反出方向的各造型流程	（1）描述正确	10 分	缺 1 个要点扣 1 分		
		（2）语言表达流畅	10 分	酌情赋分		
3	掌握熟练运用电卷棒进行斜向前反出造型的能力	（1）理论完整准确	10 分	缺 1 个要点扣 2 分		
		（2）实操规范科学	10 分	酌情赋分		
4	具备根据顾客需求和发质情况，对斜向前反出进行个性化打理造型的能力	（1）理论完整准确	10 分	缺 1 个要点扣 2 分		
		（2）实操规范科学	10 分	酌情赋分		
5	素养评价	（1）沟通交流能力	20 分	酌情赋分，但违反课堂纪律，不听从组长、教师安排，不得分		
		（2）团队合作				
		（3）课堂纪律				
		（4）合作探学				
		（5）自主研学				
		（6）具有爱岗敬业的精神				
		（7）具有正确的审美和价值观				
		（8）注重专业实训，坚持理论联系实际				
		（9）具有脚踏实地、精益求精、严谨求实的大国工匠精神				

项目 5.3　人物形象电卷棒斜向后方向卷发服务

通过学习本项目的内容，完成相应的任务，我们会对斜向后方向卷发手法和产生的效果进行一个基本的认知，在剖析理解了卷入和反出两种造型特征后，进一步深刻理解斜向后方向的卷发特点，为时尚电卷棒造型打下坚实的基础。

任务 5.3.1　人物形象斜向后卷入服务流程与技术解析

5.3.1.1　任务描述

完成对斜向后卷入手法技术和相关服务流程的解析，并完成任务工单。

5.3.1.2　学习目标

1. 知识目标

（1）了解斜向后卷入方向的电棒技巧。

（2）理解斜向后卷入方向的造型流程。

2. 能力目标

（1）能熟练操作斜向后卷入。

（2）能根据顾客需求做出相应的造型效果。

3. 素养目标

（1）培养以人为本的服务意识。

（2）培养爱岗敬业、细心踏实、勇于创新的职业精神。

微课：人物斜向后卷入服务流程与技术解析（一）

5.3.1.3　学习重点难点

1. 重点

了解斜向后卷入电卷棒的摆放，理解斜向后卷入操作技巧。

2. 难点

提高学生对专业知识的学习兴趣，掌握电卷棒的操作技巧。

微课：人物斜向后卷入服务流程与技术解析（二）

5.3.1.4　相关知识链接

1. 斜向后卷入造型技巧的特征

电卷棒斜向后卷入技巧，这个技巧在生活中也叫作饱满向后，现在很多造型都会用到此手法进行组合造型。什么是组合造型？就是两个技巧结合，进行组合造型，如斜向后卷入＋斜向后反出，水平卷入＋水平反出，这些都属于组合手法，后面我们将会学习组合造型如何运用，现在先将一个手法搞懂，这样在今后的造型中就可以随意进行组合，创造一款新的造型。也能在今后看见一款电卷棒造型，即可分析出其中运用了什么造型技巧。斜向后卷入（图 5-58）可以很好地修饰脸型，

图 5-58　斜向后卷入造型图

且不会暴露脸型缺陷，可以使脸颊面饱满地向后打开，头发打开会使面部显得更加精神，其次形体感会更好一些，面部的优点也会更加突出。

2. 斜向后卷入的适应性

（1）斜向后卷入的技巧主要是用在脸颊处，发尾方向是向后走的，卷度是以大且自然的效果为主，头发的质感很有光泽度且量感很足，发型也是实线条，斜向后卷入技巧搭配上不同的刘海，其风格也会随之不同。搭配八字刘海整体会显得更加优雅且浪漫，若搭配上空气刘海，则会给人以甜美、温柔的感觉（图 5-59～图 5-61）。

图 5-59　短发造型图　　　　图 5-60　中长发造型图　　　　图 5-61　长发造型图

（2）斜向后卷入头发长短与脸型、颈型的适应性关系（表 5-1）。

表 5-1　斜向后卷入头发长短与脸型、颈型的适应性关系

头发长度	颈型	脸型
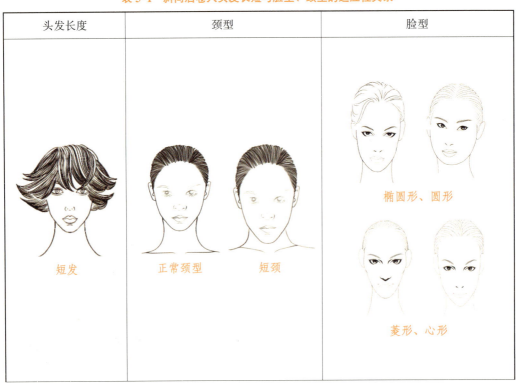		

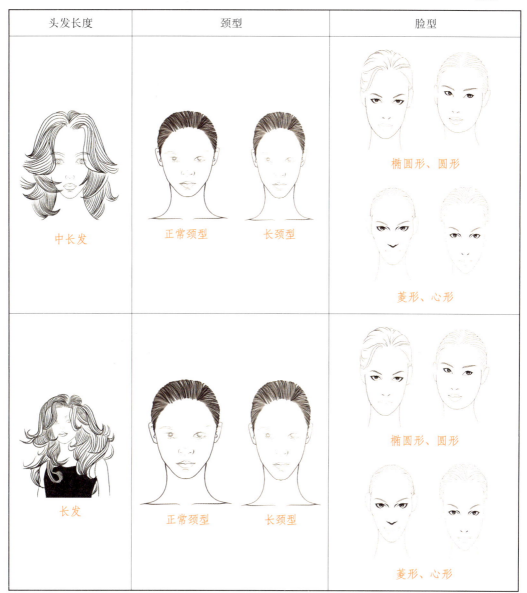

头发长度	颈型	脸型
中长发	正常颈型　长颈型	椭圆形、圆形　　菱形、心形
长发	正常颈型　长颈型	椭圆形、圆形　　菱形、心形

3. 斜向后卷入的操作标准

（1）头发的三要素。发根决定头型的轮廓及头发的流向，是发型的基地，发根一定要蓬松且有空间感；发中决定造型的轮廓及造型的变化；发尾决定着层次感，发尾堆积的头发越多越厚重，反之，堆积的头发越少越轻盈。

（2）操作七步骤。操作前工具准备：推车上摆放此次操作所需的工具，方便后续在进行实操时拿取（图5-62）。

1）头位的摆放：头位是端正的，不要倾斜，要达到左右两边高度一致。头位是关键，若头左右两边倾斜就会造成一边高一边低的情况（图5-63）。

图 5-62　斜向后卷入推车准备

图 5-63　端正头部位置

2）分区：采用四字分区，分别是侧中线与中心线。从侧耳点到顶点再到另一侧耳点，为侧中线，这样分可以控制侧部前后的发量；中心线是从中心点到顶点再到黄金点后部点、随头部曲线分开左右 1:1 的比例，这样分可以控制头型左右的发量，方便操作（图 5-64、图 5-65）。

图 5-64　四分区（一）

图 5-65　四分区（二）

3）工具的摆放方式：电卷棒斜向与发片呈 45° 前低后高（脸的方向为前）放置于发片下面，斜向后卷入技巧是将头发饱满地向后呈打开的状态，所以要有一个凸面的效果。若想要一个凸面，那么电卷棒一定是放在下面的，这样才能顶出一个凸面。如果将电卷棒放在发片上面，电卷棒是有温度的，发片受热之后就会凹进去（图 5-66、图 5-67）。

图 5-66　后区工具摆放

图 5-67　侧区工具摆放

4）分份：斜向分份，前面有讲到其造型特点是向后走的一个打开的形状，并且电卷棒的摆放是前低后高的位置，脸为前方，发尾向后走，斜向分份，可以更好地进行操作。

5）提升角度：45°提升；在夹卷的时候，发片与地面呈现45°（图5-68～图5-70）。

6）身体站位：正站位，随着头部曲线进行站位（图5-71）。

图5-68　后区提升角度

图5-69　斜向前分份

图5-70　侧区提升角度

图5-71　正站位

7）发尾走向：发尾是向后走的缠绕方式（图5-72）。

（3）梳理造型。在加热完成后，使用精油、发胶等造型产品，进行打理造型（图5-73）。

图5-72　发尾走向

图5-73　完成效果图

4. 实操工具及安全性

（1）消毒知识及重要性：消毒是经由杀灭所有细菌而使物体上不染有病菌的一项进程，对于实际操作至关重要，所以，在进行实际操作之前需进行手部消毒（图5-74）。

（2）电卷棒使用安全：电卷棒属于电器类产品，因此在使用时不要沾水，若结构为内藏式发热的卷发器，在清洁时用干毛巾擦干

操作视频：人物形象
斜向后卷入技术解析

即可，当手湿时，切不可触摸加热棒或其
他可能带电的部分，以免发生触电危险，
过分潮湿的头发不宜直接用电卷棒进行夹
卷，因为水分太多会进入电卷棒内部，卷
发器易损坏；电卷棒应该定期做好维护保
养工作，平时要放在干燥的地方，由于发热
元件在加热过程中容易使绝缘材料老化，应
经常检查并确保绝缘良好时再使用，有的卷
发器的发热元件是使用瓷质芯子的，因此不
要随意掷甩，以免因碎裂造成触电事故。

图 5-74　手部消毒图

5.3.1.5　素养养成

（1）在分析斜向后方向特征时，养成严格按照操作规范进行操作的意识，要养成以
人为本、为人民服务的意识。

（2）在分享案例的过程中，养成专业而有效的沟通交流能力。在分享完成后，认真
思考、归纳、总结，养成良好的学习习惯。

（3）在斜向前手法训练中，弘扬爱岗敬业、吃苦耐劳的精神。

5.3.1.6　任务实施

1.任务分组

学生任务分配表

班级		组号		指导教师	
组长		学号			
组员	姓名	学号		姓名	学号
任务分工					

2. 自主探究

任务工作单 5-33　自主探究 1

组号：_____　姓名：_____　学号：_____

引导问题 1：通过网络收集不同方向的卷入发型图片，分析整理出斜向后卷入发型的特点。

形态：

_____

_____

流向：

_____

_____

引导问题 2：谈谈斜向后卷入适合什么样脸型、头型和发质的人群。

_____

_____

引导问题 3：论述斜向后卷入发型风格。

_____

_____

任务工作单 5-34　自主探究 2

组号：_____　姓名：_____　学号：_____

引导问题：小组根据教师分配的资料和个人自主收集的资料，分别对资料进行分析，以 PPT 的形式图文并茂地分析出斜向后卷入相关发型的效果特征和风格特点。

斜向后卷入	造型与形态	纹理与流向
效果呈现		

斜向后卷入	风格特点	适合人群
适应性		头型
		脸型
		发质

3. 合作研学

任务工作单 5-35 合作研学

组号：_____ 姓名：_____ 学号：_____

合作研学步骤 1：小组交流讨论，教师参与，小组代表分享 PPT，分析斜向后卷入的特点，并讨论斜向前卷入的操作方法。

斜向后卷入	特征	风格	适应性
小组讨论与总结			

合作研学步骤 2：斜向后卷入的操作手法探究。

操作手法	斜向后卷入
头部位置	
分区	
工具摆放	
分份	
发尾控制	
提升角度	
身体站位	

4.展示赏学

组号：_____　姓名：_____　学号：_____

展示赏学步骤 1：借鉴每组经验，进一步优化完善斜向后卷入手法的认知，每小组推荐一名代表来分享小组学习体会。

斜向后卷入	特征	风格	适应性
小组讨论与总结			

展示赏学步骤 2：尝试操作斜向后卷入发片，并总结归纳相关操作技术要领。

操作手法	斜向后卷入
头部位置	
分区	
工具摆放	
分份	
发尾控制	
提升角度	
身体站位	

展示赏学步骤 3：总结归纳在操作中遇到的问题。

_____

_____

_____

_____

5.3.1.7 评价反馈

组号：＿＿＿＿＿＿ 姓名：＿＿＿＿＿＿ 学号：＿＿＿＿＿＿

班级		组名		日期	
评价指标	评价内容			分数	分数评定
信息检索	能有效利用网络、图书资源查找有用的相关信息等；能将查到的信息有效地传递到学习中			10分	
感知课堂生活	理解行业特点，认同工作价值；在学习中能获得满足感			10分	
参与态度	积极主动与教师、同学交流，相互尊重、理解、平等；与教师、同学之间能够保持多向、丰富、适宜的信息交流			10分	
	能处理好合作学习和独立思考的关系，做到有效学习；能提出有意义的问题或能发表个人见解			10分	
知识获得	1.理解斜向后卷入方向的电棒技巧的造型效果			10分	
	2.掌握斜向后卷入方向的造型流程			10分	
	3.具备熟练运用斜向后卷入的操作技巧			10分	
	4.具备根据顾客需求做出相应造型效果的能力			10分	
思维态度	能发现问题、提出问题、分析问题、解决问题、创新问题			10分	
自评反馈	按时按质完成任务；较好地掌握了知识点；具有较强的信息分析能力和理解能力；具有较为全面严谨的思维能力并能条理清楚地表达成文			10分	
自评分数					
有益的经验和做法					
总结反馈建议					

任务工作单 5-38　小组内互评验收表

组号：_____　　姓名：_____　　学号：_____

验收组长		组名		日期	
组内验收成员					
任务要求	完成并熟练掌握人物形象斜向后卷入服务流程与技术解析				
验收文档清单	被验收者任务工作单 5-33 被验收者任务工作单 5-34 被验收者任务工作单 5-35 被验收者任务工作单 5-36 文献检索清单				
验收评分	评分标准			分数	得分
	理解斜向后卷入方向的电棒技巧的造型效果，错 1 处扣 3 分			20 分	
	掌握斜向后卷入方向的造型流程，错 1 处扣 3 分			20 分	
	具备熟练运用斜向后卷入的操作技巧，错 1 处扣 3 分			20 分	
	具备根据顾客需求做出相应造型效果的能力，错 1 处扣 3 分			20 分	
	具有以人为本的服务精神；具有正确的审美和价值观；注重专业实训，坚持理论联系实际，具有爱岗敬业、细心踏实、勇于创新的职业精神，不少于 4 项，缺 1 项扣 5 分			20 分	
评价分数					
不足之处					

任务工作单 5-39　小组间互评表

被评组号：＿＿＿＿＿＿＿＿＿

班级		评价小组		日期	
评价指标	评价内容			分数	分数评定
汇报表述	表述准确			15 分	
	语言流畅			10 分	
	准确反映各组完成情况			15 分	
内容正确度	理论正确			30 分	
	操作规范			30 分	
互评分数					
简要评述					

任务工作单 5-40 任务完成情况评价表

组号：＿＿＿＿＿＿＿＿　　姓名：＿＿＿＿＿＿＿＿　　学号：＿＿＿＿＿＿＿＿

任务名称		人物形象斜向后卷入服务流程与技术解析			总得分		
评价依据		学生完成的任务工作单 5-33、任务工作单 5-36					
序号	任务内容及要求		配分	评分标准	教师评价		
					结论	得分	
1	了解斜向后卷入方向的电棒技巧的效果及适应性	（1）描述正确	10分	缺1个要点扣1分			
		（2）语言表达流畅	10分	酌情赋分			
2	掌握斜向后卷入方向的各造型流程	（1）描述正确	10分	缺1个要点扣1分			
		（2）语言表达流畅	10分	酌情赋分			
3	具备熟练运用斜向后卷入的操作技巧	（1）理论完整准确	10分	缺1个要点扣2分			
		（2）实操规范科学	10分	酌情赋分			
4	具备根据顾客需求做出相应造型效果的能力	（1）理论完整准确	10分	缺1个要点扣2分			
		（2）实操规范科学	10分	酌情赋分			
5	素养评价	（1）沟通交流能力	20分	酌情赋分，但违反课堂纪律，不听从组长、教师安排，不得分			
		（2）团队合作					
		（3）课堂纪律					
		（4）合作探学					
		（5）自主研学					
		（6）具有爱岗敬业的精神					
		（7）具有以人为本的服务意识					
		（8）具有细心踏实的职业精神					
		（9）具有勇于创新的职业精神					

任务 5.3.2　人物形象斜向后反出服务流程与技术解析

5.3.2.1　任务描述

完成对斜向后反出手法技术和相关服务流程的解析，并完成任务工单。

5.3.2.2　学习目标

1. 知识目标

（1）了解斜向后反出的发片方向走向。

（2）掌握斜向后反出方向的各造型流程。

2. 能力目标

（1）能熟练运用斜向后反出的操作技巧。

（2）能根据不同手法的组合，设计打理出适合顾客的发型。

3. 素养目标

（1）培养爱岗敬业精神。

（2）培养细心踏实、勇于创新的职业精神。

（3）培养良好的职业素养及自我学习的习惯。

微课：人物斜向后反出服务流程与技术解析（一）

5.3.2.3　学习重点难点

1. 重点

了解斜向后反出电卷棒的摆放，掌握斜向后反出操作技巧。

2. 难点

提高学生对专业知识的学习兴趣，解决两侧起卷位置的对称性。

微课：人物斜向后反出服务流程与技术解析（二）

5.3.2.4　相关知识链接

斜向后反出可以与许多造型手法搭配使用，如斜向前卷入、斜向前反出、斜向后卷入，这些都是常用的搭配技巧，搭配的风格可以是日系甜美的，也可以是韩系浪漫的。斜向后反出常用在刘海处，在发型设计中刘海也是一个重要的部位，需要进行搭配组合（图 5-75）。

1. 电卷棒造型设计中需要注意的关系

（1）比例关系。比例关系是指发型各个部分之间的协调关系，如刘海部分和两侧的比例关系，上下的比例关系，块面与块面之间的比例关系，小块面与大块面之间的关系等；只有将发型各部分的比例关系处理得当，使其和谐统一，发型才能真正体现。

图 5-75　齐刘海

（2）位置关系。每个发型都有自己的主题和重点，重点只能有一个，且要有辅助点。因此，发型设计首先应当处理好每个部位之间的主次、大小关系，其次还要处理好它们之间的位置关系，要考虑什么角度与位置才能将其突出，辅助点在恰当的位置和角度才能起到烘托的作用。

（3）松紧关系。松紧关系影响发型的轮廓，可以使整个发型发生变化，处理得当可以配合脸型、弥补不足，从而突出其优点，起到修饰和美化的作用。

2. 电卷棒造型设计中的基本原则

（1）焦点——找到发型中的焦点，给人深刻的印象。

（2）主次——在造型中应有主次之分，有重点、有辅助点。

（3）均衡——整体视觉构图的平衡感。

（4）比例——找到整体比例关系，头、身体比例协调。

（5）对称——在造型设计中，应体现量感、形状和排列上的一种对应关系。

（6）和谐统一——造型设计的主题方向性和风格的呈现要符合。

3. 斜向后反出的造型特点

首先是卷度，卷度去除重量方向向后走的，在造型中头发的量感也很关键，发尾向里面卷，呈内扣型，给人的感觉是厚重的，增加发量；若发尾向外卷，呈外翻型，给人的感觉是头发没有那么厚重，所以一般向内卷称为增加重量，向外卷称为去除重量。电卷棒斜向后与发片呈45°前高后低的方式，摆放置于发片上面，电卷棒只有放在上面这个面才会凹进去，用在刘海可修饰脸型，收紧发干，打造向后的纹理。

4. 斜向后反出的适应性

斜向后反出常用在刘海处，法式刘海与八字刘海经常采用此技巧进行造型打理。法式刘海可以非常有效地修饰高颧骨、太阳穴凹陷，其适合圆形脸型、菱形脸型；八字刘海造型是很御姐气质的一款造型，可以很有效地修饰下颚骨，其适合方形脸型、圆形脸型、鹅蛋形脸型、心形脸型、菱形脸型。斜向后反出技巧若是用在刘海处且呈现韩系的风格，那选择电卷棒的型号就不能够太小，韩系的刘海需要大的纹理弧度，若是卷度太小就会偏可爱、复古，所以想要温柔气质的刘海，除开手法外，选择适合的电卷棒型号也是非常关键的（图5-76、图5-77）。

图5-76　大号卷发棒发型　　　　　图5-77　中号电卷棒发型

5. 斜向后反出的操作标准

操作前工具准备：推车上摆放此次操作所需要的工具，方便后续在进行实操时拿取（图5-78）。

（1）头部位置：头位要端正，这样夹出来的卷高度才会一致（图5-79）。

图5-78　斜向后反出推车准备

图5-79　端正头部位置

（2）分区：四分区侧中线及中分线，侧中线是侧中耳点到顶点再到另一侧耳点，这样分可以控制侧部前后的发量，中心线是从中心点到顶点再到黄金点后部点、劲点随头部曲线分开左右1∶1的比例，这样分可以控制头型左右的发量，方便操作（图5-80）。

（a）

（b）

图5-80　四分区
（a）示意一；（b）示意二

（3）工具摆放：电卷棒呈前高后低放置发片上（图5-81、图5-82）。

图5-81　后区工具摆放位置

图5-82　侧区工具摆放位置

（4）分份：斜向后分份（图5-83）。

（5）提升角度：45°提升（图5-84、图5-85）。

（6）身体站位：身体站位随头部曲线正站位（图5-86）。

（7）发尾控制：发尾的方向向下向后走（图5-87）。

（8）成品赏析（图5-88）。

图5-83　斜向后分份

图5-84　后区45°提升

图5-85　侧区45°提升

图5-86　身体站位

图5-87　发尾走向

（a）

（b）

图5-88　斜向后反出完成效果图

（a）示意一；（b）示意二

6. 梳理造型的方法和技巧

发型是否能成型、是否符合发型设计要求、是否美观，都取决于梳理造型技巧的应用。梳理造型是整理发型的必要手段，可根据需要的效果来选择不同的梳理造型工具和方法。

在实际运用中，梳理方向是多样的电卷棒造型，常见的以向下的梳理方向为主，常用顺梳的技巧为主。

顺梳是由发根向发尾进行梳理，是梳理造型的基本技巧。

（1）直线方向顺梳：直线方向顺梳多用于发根处。

（2）曲线方向顺梳：曲线方向顺梳可以表现柔美的线条和较强的动感，包含的空间和容量是多样的。

（3）C形方向顺梳：C形方向梳理产生的C形曲线给人以年轻、朝气、轻快、活泼的感觉。

（4）S形方向梳理：S形曲线给人以流畅、浪漫、高贵的感觉。

操作视频：人物形象斜向后反出技术解析

5.3.2.5 素养养成

（1）在学习认知过程中，具有爱岗敬业精神。

（2）在进行斜向后反出的基础训练时，树立细心踏实、勇于创新的职业精神。

（3）在小组分享过程中，养成良好的职业素养及自我学习的习惯。

5.3.2.6 任务实施

1. 任务分组

学生任务分配表

班级		组号		指导教师	
组长		学号			
	姓名	学号		姓名	学号
组员					
任务分工					

2. 自主探究

组号：＿＿＿＿＿＿＿   姓名：＿＿＿＿＿＿＿   学号：＿＿＿＿＿＿＿

引导问题 1：通过网络收集不同方向的反出发型图片，分析整理出斜向后反出发型的特点。

形态：

＿＿＿＿＿＿＿＿＿＿＿＿＿＿＿＿＿＿＿＿＿＿＿＿＿＿＿＿＿＿＿＿＿＿

＿＿＿＿＿＿＿＿＿＿＿＿＿＿＿＿＿＿＿＿＿＿＿＿＿＿＿＿＿＿＿＿＿＿

流向：

＿＿＿＿＿＿＿＿＿＿＿＿＿＿＿＿＿＿＿＿＿＿＿＿＿＿＿＿＿＿＿＿＿＿

＿＿＿＿＿＿＿＿＿＿＿＿＿＿＿＿＿＿＿＿＿＿＿＿＿＿＿＿＿＿＿＿＿＿

引导问题 2：谈谈斜向后反出适合什么样脸型、头型和发质的人群。

＿＿＿＿＿＿＿＿＿＿＿＿＿＿＿＿＿＿＿＿＿＿＿＿＿＿＿＿＿＿＿＿＿＿

＿＿＿＿＿＿＿＿＿＿＿＿＿＿＿＿＿＿＿＿＿＿＿＿＿＿＿＿＿＿＿＿＿＿

引导问题 3：论述斜向后反出发型风格。

＿＿＿＿＿＿＿＿＿＿＿＿＿＿＿＿＿＿＿＿＿＿＿＿＿＿＿＿＿＿＿＿＿＿

＿＿＿＿＿＿＿＿＿＿＿＿＿＿＿＿＿＿＿＿＿＿＿＿＿＿＿＿＿＿＿＿＿＿

组号：＿＿＿＿＿＿＿   姓名：＿＿＿＿＿＿＿   学号：＿＿＿＿＿＿＿

引导问题：小组根据教师分配的资料和个人自主收集的资料，分别对资料进行分析，以 PPT 的形式图文并茂地分析出斜向前卷入相关发型的效果特征和风格特点。

斜向后反出	造型与形态	纹理与流向
效果呈现		

続表

斜向后反出	风格特点	适合人群	
适应性		头型	
		脸型	
		发质	

3. 合作研学

任务工作单 5-43　合作研学

组号：＿＿＿＿＿＿　姓名：＿＿＿＿＿＿　学号：＿＿＿＿＿＿

合作研学步骤 1：小组交流讨论，教师参与，小组代表分享 PPT，分析斜向后反出的特点，并讨论斜向后反出的操作方法。

斜向后反出	特征	风格	适应性
小组讨论与总结			

合作研学步骤 2：斜向后反出的操作手法探究。

操作手法	斜向后反出
头部位置	
分区	
工具摆放	
分份	
发尾控制	
提升角度	
身体站位	

168

4.展示赏学

组号：＿＿＿＿＿＿＿　　姓名：＿＿＿＿＿＿＿　　学号：＿＿＿＿＿＿＿

展示赏学步骤 1：借鉴每组经验，进一步优化完善斜向后反出手法的认知，每小组推荐一名代表来分享小组学习体会。

斜向后反出	特征	风格	适应性
小组讨论与 总结			

展示赏学步骤 2：尝试操作斜向后反出发片，并总结归纳相关操作技术要领。

操作手法	斜向后反出
头部位置	
分区	
工具摆放	
分份	
发尾控制	
提升角度	
身体站位	

展示赏学步骤 3：总结归纳在操作中遇到的问题。

＿＿＿＿＿＿＿＿＿＿＿＿＿＿＿＿＿＿＿＿＿＿＿＿＿＿＿＿＿＿＿＿＿

＿＿＿＿＿＿＿＿＿＿＿＿＿＿＿＿＿＿＿＿＿＿＿＿＿＿＿＿＿＿＿＿＿

＿＿＿＿＿＿＿＿＿＿＿＿＿＿＿＿＿＿＿＿＿＿＿＿＿＿＿＿＿＿＿＿＿

＿＿＿＿＿＿＿＿＿＿＿＿＿＿＿＿＿＿＿＿＿＿＿＿＿＿＿＿＿＿＿＿＿

5.3.2.7 评价反馈

组号：＿＿＿＿＿＿　　姓名：＿＿＿＿＿＿　　学号：＿＿＿＿＿＿

班级		组名		日期	
评价指标	评价内容			分数	分数评定
信息检索	能有效利用网络、图书资源查找有用的相关信息等；能将查到的信息有效地传递到学习中			10分	
感知课堂生活	理解行业特点，认同工作价值；在学习中能获得满足感			10分	
参与态度	积极主动与教师、同学交流，相互尊重、理解、平等；与教师、同学之间能够保持多向、丰富、适宜的信息交流			10分	
	能处理好合作学习和独立思考的关系，做到有效学习；能提出有意义的问题或能发表个人见解			10分	
知识获得	1. 理解斜向后反出的发片方向走向			10分	
	2. 掌握斜向后反出方向的各造型流程			10分	
	3. 具备斜向后反出的操作技巧			10分	
	4. 具备根据不同手法的组合，设计打理出适合顾客的发型的能力			10分	
思维态度	能发现问题、提出问题、分析问题、解决问题、创新问题			10分	
自评反馈	按时按质完成任务；较好地掌握了知识点；具有较强的信息分析能力和理解能力；具有较为全面严谨的思维能力并能条理清楚地表达成文			10分	
自评分数					
有益的经验和做法					
总结反馈建议					

任务工作单 5-46　小组内互评验收表

组号：_____　　姓名：_____　　学号：_____

验收组长		组名		日期	
组内验收成员					
任务要求	完成并熟练掌握人物形象斜向后反出服务流程与技术解析				
验收文档清单	被验收者任务工作单 5-41 被验收者任务工作单 5-42 被验收者任务工作单 5-43 被验收者任务工作单 5-44 文献检索清单				

验收评分	评分标准	分数	得分
	理解斜向后反出的发片方向走向，错 1 处扣 3 分	20 分	
	掌握斜向后反出方向的各造型流程，错 1 处扣 3 分	20 分	
	具备斜向后反出的操作技巧，错 1 处扣 3 分	20 分	
	具备根据不同手法的组合，设计打理出适合顾客的发型的能力，错 1 处扣 3 分	20 分	
	具有爱岗敬业的精神；具有细心踏实、勇于创新的职业精神；具有良好的职业素养及自我学习的习惯，不少于 4 项，缺 1 项扣 5 分	20 分	

评价分数	

不足之处	

任务工作单 5-47　小组间互评表

被评组号：_____

班级		评价小组		日期	
评价指标	评价内容			分数	分数评定
汇报表述	表述准确			15 分	
	语言流畅			10 分	
	准确反映各组完成情况			15 分	
内容正确度	理论正确			30 分	
	操作规范			30 分	
互评分数					
简要评述					

任务工作单5-48 任务完成情况评价表

组号：＿＿＿＿＿＿ 姓名：＿＿＿＿＿＿ 学号：＿＿＿＿＿＿

任务名称		人物形象斜向后反出服务流程与技术解析			总得分		
评价依据		学生完成的任务工作单5-41、任务工作单5-44					
序号	任务内容及要求		配分	评分标准	教师评价		
					结论	得分	
1	能理解斜向后反出方向所产生的造型效果	（1）描述正确	10分	缺1个要点扣1分			
		（2）语言表达流畅	10分	酌情赋分			
2	能掌握斜向后反出方向的各造型流程	（1）描述正确	10分	缺1个要点扣1分			
		（2）语言表达流畅	10分	酌情赋分			
3	具备斜向后反出的操作技巧	（1）理论完整准确	10分	缺1个要点扣2分			
		（2）实操规范科学	10分	酌情赋分			
4	具备根据不同手法的组合，设计打理出适合顾客的发型的能力	（1）理论完整准确	10分	缺1个要点扣2分			
		（2）实操规范科学	10分	酌情赋分			
5	素养评价	（1）沟通交流能力	20分	酌情赋分，但违反课堂纪律，不听从组长、教师安排，不得分			
		（2）团队合作					
		（3）课堂纪律					
		（4）合作探学					
		（5）自主研学					
		（6）具有爱岗敬业的精神					
		（7）具有细心踏实、勇于创新的职业精神					
		（8）具有良好的职业素养					
		（9）养成自我学习的习惯					

项目 5.4 人物形象垂直方向卷发服务

通过学习本项目的内容，完成相应的任务，我们会对斜向前方向卷发手法和产生的效果进行基本的认知，在剖析理解了卷入和反出两种造型特征后，进一步深刻理解斜向前方向的卷发特点，为时尚电卷棒造型打下坚实的基础。

任务 人物形象垂直造型服务流程与技术解析

5.4.1.1 任务描述

完成对垂直手法技术和相关服务流程的解析，并完成任务工单。

5.4.1.2 学习目标

1.知识目标

（1）了解垂直造型的两种不同卷度方向。

（2）掌握垂直造型的电棒手法及摆放位置。

2.能力目标

（1）具备垂直造型的两种方向的操作技巧。

（2）具备根据顾客需求和风格特征，对垂直造型进行个性化打理造型的能力。

微课：人物垂直向前后卷发服务流程与技术解析（一）

3.素养目标

（1）培养良好的职业习惯和职业素养。

（2）具备信息收集和有效信息提取的能力。

5.4.1.3 学习重点难点

1.重点

了解垂直造型的两种卷度方向，掌握垂直造型操作技巧。

微课：人物垂直向前后卷发服务流程与技术解析（二）

2.难点

掌握垂直造型的两种方向，垂直向前及垂直向后易混淆。

5.4.1.4 相关知识链接

1.设计经典轮回

很多喜欢追求时尚的人都发现了一个规律，往往很多年前流行的东西过一段时间就会被拿出来重新变成时尚，就像我们以前很喜欢的喇叭裤，在 20 世纪八九十年代非常流行，可是之后却不再流行了，但是在几十年之后却又开始流行起来，直到现在很多人仍然穿着喇叭裤。还有就是比较流行的颜色，往往几年之前不流行的颜色，突然就好像活了起来，这种现象被很多时尚界的人士看破了，所以他们往往能够引领时尚的潮流，因为他们深刻地了解到了时尚的本质就是一个轮回。

发型设计其实也是一样的，我们目前所看见的好看的、漂亮的造型，它不是一个孤立的存在又或者是凭空出来的，都是互联互通并且有关联的。如图 5-89 所示发型，相信大家对于这张图片已经不陌生了，都或多或少看见过类似的，都是比较经典的造型，发中至发尾网络上的波纹造型就与这个很像，刘海的部分与我们之前学习的斜向后反出很相似。

图 5-89　经典造型

2. 垂直造型的适应性

现在大多采用单一的垂直技巧，常见的就是羊毛卷、法式卷，想要不同的效果对于选择电卷棒的大小也是有要求的，羊毛卷的卷相对小一点，那么选择的电卷棒型号也会小一些，所以，在造型时要根据自己所需要的效果来进行工具的选择，羊毛卷的卷度比泡面卷大，小于水波纹卷属于中卷类型，非常适合中长发，长款羊毛卷不仅给人一种很有发量的感觉，而且超级显甜美、复古。蓬松感的羊毛卷非常适合小圆形脸型，脸宽也可以尝试，大面积的羊毛卷可以很好地修饰脸型。特别适合细软发质且非常有复古的感觉，发丝的灵动感会显得很活泼，增加整体的俏皮感，很适合小圆形脸型的女生，鹅蛋形脸型、菱形脸型会显得比较性感，具有小女人味，可以扎一个优雅的半扎发，优雅甜美。

3. 垂直向前和垂直向后的造型区别

垂直向前和垂直向后的造型区别见表 5-2。

表 5-2　垂直向前和垂直向后的造型区别

垂直方向	垂直向前	垂直向后
卷度	束状感强，方向向前走	束状感强，方向往后走
电棒摆放位置	电棒放在发片前面	电棒放在发片后面
电棒摆放方向	垂直	垂直
发梢位置	发梢放在前面	发梢放在后面

4. 垂直造型操作标准

垂直造型可分为垂直向前与垂直向后。两者最大的区别莫过于电卷棒的摆放位置，在进行垂直造型时，可以选择将两种技巧进行组合造型，单一的手法发丝与发片之间没有空间感，完成后会比较死板、整体灵动性较差，选择将两种技巧相结合可以呈现出自然、活泼、灵动的发型。

操作前工具准备：推车上摆放此次操作所需要的工具，方便后续在进行实操时拿取（图5-90）。

（1）垂直造型操作七步骤。

1）头位：头位要端正，为了保持左右两边的一致（图5-91）。

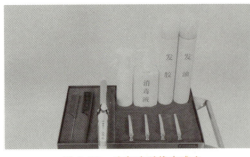

图5-90　垂直造型推车准备

图5-91　头部位置

2）分区：上下分区，从左边的额角到另一边额角为一个区，耳上点为一个区（图5-92）。

（a）　　　　　　　　　　　（b）

图5-92　上下分区

（a）示意一；（b）示意二

3）工具摆放：垂直向前电卷棒摆放在发片的前面；垂直向后电卷棒则摆放在发片的后面（图5-93、图5-94）。

图5-93　左后侧工具摆放

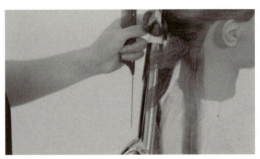

图5-94　右后侧工具摆放

4）分份：竖向分份，垂直于头皮进行分份（图5-95）。

5）提升角度：发片垂直于头皮的90°（图5-96）。

图 5-95　竖向分份

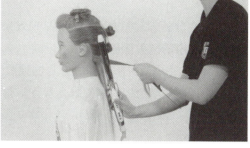

图 5-96　90° 提升

6）身体站位：站位方向正站位（图5-97）。

7）发尾方向：根据卷的方向来定，绕卷的方式也是竖向垂直绕卷，需要注意的是：如果是垂直向前，那么绕卷的方式就向前面走；如果是垂直向后，那么绕卷的方向就是向后面走（图5-98）。

图 5-97　正站位

图 5-98　发尾方向

（2）展示赏学（图5-99）。

图 5-99　垂直造型成品

5.4.1.5　素养养成

（1）在分析斜向前方向特征时，树立勇于钻研、积极思考的良好习惯。

（2）在分析理解斜向前卷入的呈现效果时，树立正确的审美观，养成良好健康的审美情趣。

（3）在完成任务中，养成有目的地收集信息和有效信息提取整理的能力；同时学会用发展的眼光看待问题，尊重科学，与时俱进。

操作视频：人物形象垂直方向电卷棒造型技术解析

5.4.1.6　任务实施

1. 任务分组

学生任务分配表

班级		组号		指导教师	
组长		学号			
组员	姓名	学号		姓名	学号
任务分工					

2. 自主探究

任务工作单 5-49　自主探究 1

组号：＿＿＿＿＿＿＿　姓名：＿＿＿＿＿＿＿　学号：＿＿＿＿＿＿＿

引导问题 1：通过网络收集经典卷发发型图片，分析整理出发型的互通特点。

形态：

_____

_____

流向：

_____

_____

引导问题 2：谈谈发型设计为一个轮回的依据。

_____

_____

引导问题 3：论述垂直造型发型风格。

_____

_____

任务工作单 5-50　自主探究 2

组号：＿＿＿＿＿＿＿　姓名：＿＿＿＿＿＿＿　学号：＿＿＿＿＿＿＿

引导问题：小组根据教师分配的资料和个人自主收集的资料，分别对资料进行分析，以 PPT 的形式图文并茂地分析出垂直造型相关发型的效果特征和风格特点。

垂直造型	造型与形态	纹理与流向
效果呈现		

垂直组合造型	风格特点	适合人群
适应性		头型
		脸型
		发质

3.合作研学

任务工作单 5-51　合作研学

组号：＿＿＿＿＿＿　姓名：＿＿＿＿＿＿　学号：＿＿＿＿＿＿

合作研学步骤 1：小组交流讨论，教师参与，小组代表分享 PPT，分析垂直组合造型的特点，并讨论垂直组合造型的操作方法。

垂直组合造型	特征	风格	适应性
小组讨论与总结			

合作研学步骤 2：垂直组合造型的操作手法探究。

操作手法	垂直组合造型
头部位置	
分区	
工具摆放	
分份	
发尾控制	
提升角度	
身体站位	

180

4.展示赏学

组号：＿＿＿＿＿＿　　姓名：＿＿＿＿＿＿　　学号：＿＿＿＿＿＿

展示赏学步骤1：借鉴每组经验，进一步优化完善垂直造型手法的认知，每小组推荐一名代表来分享小组学习体会。

垂直组合造型	特征	风格	适应性
小组讨论与总结			

展示赏学步骤2：尝试操作垂直组合造型发片，并总结归纳相关操作技术要领。

操作手法	垂直组合造型
头部位置	
分区	
工具摆放	
分份	
发尾控制	
提升角度	
身体站位	

展示赏学步骤3：总结归纳在操作中遇到的问题。

＿＿＿＿＿＿＿＿＿＿＿＿＿＿＿＿＿＿＿＿＿＿＿＿＿＿＿＿＿＿＿＿＿＿

＿＿＿＿＿＿＿＿＿＿＿＿＿＿＿＿＿＿＿＿＿＿＿＿＿＿＿＿＿＿＿＿＿＿

＿＿＿＿＿＿＿＿＿＿＿＿＿＿＿＿＿＿＿＿＿＿＿＿＿＿＿＿＿＿＿＿＿＿

＿＿＿＿＿＿＿＿＿＿＿＿＿＿＿＿＿＿＿＿＿＿＿＿＿＿＿＿＿＿＿＿＿＿

5.4.1.7 评价反馈

任务工作单 5-53　个人自评表

组号：＿＿＿＿＿＿　　姓名：＿＿＿＿＿＿　　学号：＿＿＿＿＿＿

班级		组名		日期	
评价指标	评价内容			分数	分数评定
信息检索	能有效利用网络、图书资源查找有用的相关信息等；能将查到的信息有效地传递到学习中			10分	
感知课堂生活	理解行业特点，认同工作价值；在学习中能获得满足感			10分	
参与态度	积极主动与教师、同学交流，相互尊重、理解、平等；与教师、同学之间能够保持多向、丰富、适宜的信息交流			10分	
	能处理好合作学习和独立思考的关系，做到有效学习；能提出有意义的问题或能发表个人见解			10分	
知识获得	1. 理解垂直造型的两种不同卷度方向			10分	
	2. 掌握垂直造型的电棒手法及摆放位置			10分	
	3. 具备垂直造型的两种方向的操作技巧			10分	
	4. 具备根据顾客需求和风格特征，对垂直造型进行个性化打理造型的能力			10分	
思维态度	能发现问题、提出问题、分析问题、解决问题、创新问题			10分	
自评反馈	按时按质完成任务；较好地掌握了知识点；具有较强的信息分析能力和理解能力；具有较为全面严谨的思维能力并能条理清楚地表达成文			10分	
自评分数					
有益的经验和做法					
总结反馈建议					

任务工作单 5-54 小组内互评验收表

组号： _____　　姓名： _____　　学号： _____

验收组长		组名		日期	
组内验收成员					
任务要求	完成并熟练掌握人物形象垂直造型服务流程与技术解析				
验收文档清单	被验收者任务工作单 5-49 被验收者任务工作单 5-50 被验收者任务工作单 5-51 被验收者任务工作单 5-52 文献检索清单				

验收评分	评分标准	分数	得分
	理解垂直造型的两种不同卷度方向，错 1 处扣 3 分	20 分	
	掌握垂直造型的电棒手法及摆放位置，错 1 处扣 3 分	20 分	
	具备垂直造型的两种方向的操作技巧，错 1 处扣 3 分	20 分	
	具备根据顾客需求和风格特征，对垂直造型进行个性化打理造型的能力，错 1 处扣 3 分	20 分	
	具有专业能力；具有良好的职业习惯及职业素养；具备信息收集及有效信息提取的能力，不少于 4 项，缺 1 项扣 5 分	20 分	

评价分数	

不足之处	

任务工作单 5-55 小组间互评表

被评组号：_____

班级		评价小组		日期	
评价指标		评价内容		分数	分数评定
汇报表述		表述准确		15 分	
		语言流畅		10 分	
		准确反映各组完成情况		15 分	
内容正确度		理论正确		30 分	
		操作规范		30 分	
		互评分数			
简要评述					

任务工作单 5-56 任务完成情况评价表

组号：_____   姓名：_____   学号：_____

任务名称		人物形象垂直造型服务流程与技术解析			总得分	
评价依据		学生完成的任务工作单 5-49、任务工作单 5-52				
序号	任务内容及要求		配分	评分标准	教师评价	
					结论	得分
1	能理解垂直造型的两种不同卷度方向	（1）描述正确	10 分	缺 1 个要点扣 1 分		
		（2）语言表达流畅	10 分	酌情赋分		
2	能掌握垂直造型的电棒手法及摆放位置	（1）描述正确	10 分	缺 1 个要点扣 1 分		
		（2）语言表达流畅	10 分	酌情赋分		
3	具备垂直造型的两种方向的操作技巧	（1）理论完整准确	10 分	缺 1 个要点扣 2 分		
		（2）实操规范科学	10 分	酌情赋分		
4	具备根据顾客需求和风格特征，对垂直造型进行个性化打理造型的能力	（1）理论完整准确	10 分	缺 1 个要点扣 2 分		
		（2）实操规范科学	10 分	酌情赋分		
5	素养评价	（1）沟通交流能力	20 分	酌情赋分，但违反课堂纪律，不听从组长、教师安排，不得分		
		（2）团队合作				
		（3）课堂纪律				
		（4）合作探学				
		（5）自主研学				
		（6）具有专业能力				
		（7）具有正确的审美和价值观				
		（8）具备良好的职业习惯及职业素养				
		（9）具有信息收集及有效信息提取的能力				

模块 6

组合造型服务

项目 6.1 吹风组合造型服务

通过学习本项目的内容，完成相应的任务，我们能了解吹风造型的基本原理，通过系统剖析造型组合手法的科学方法，进一步理解吹风热塑造型的技术特点，进而根据顾客的头型和发质特点，进行吹风造型服务。

任务 6.1.1　吹风卷发造型服务流程与技术解析

6.1.1.1　任务描述

完成对吹风卷发造型组合相关的服务流程和技术的解析，并完成任务工单。

6.1.1.2　学习目标

1. 知识目标

（1）了解圆滚梳的构造与使用原理。

（2）掌握圆滚梳上卷原理。

2. 能力目标

（1）规范使用圆滚梳进行卷发吹风造型。

（2）根据发质和顾客特点选择卷度。

3. 素养目标

（1）培养以人为本的服务意识。

（2）增强积极向上的健康审美观。

（3）树立与时俱进、不断创造美的崇高职业使命感。

6.1.1.3　学习重点难点

1. 重点

吹风机吹卷造型的送风角度和位置。

2. 难点

圆滚梳吹风成卷的弹性和持久度。

微课：吹风卷发造型服务流程与技术解析（一）

微课：吹风卷发造型服务流程与技术解析（二）

6.1.1.4 相关知识链接

1. 圆滚梳的种类

我们经常使用到的圆滚梳有鬃毛的、铁皮芯的、塑料的，还有鬃毛和塑料混在一起的，种类较多，尺寸大小也很丰富。各种圆滚梳的使用场景和方法也各不相同，例如，带鬃毛的大号圆滚梳，它与头发的接触面比较大，适合吹直发和长发中较大的弧度。因为鬃毛圆滚梳在梳理中能够很好地提供拉力，所以，吹风完成后，头发的光泽度较好，弧度的支撑力也较好。而铁皮滚梳，因为中间是空的，加上金属芯的导热性较好，所以加热升温很快，发型容易成型，但是，因为发片缺乏拉力，所以弧度较松散（图6-1～图6-3）。

图 6-1　毛滚梳　　　　　　图 6-2　铁皮滚梳　　　　　　图 6-3　塑料滚梳

2. 塑卷的历史

从理论上说，把头发缠绕在一个圆柱形的物体上面，施加一定的温度和拉力，就一定能把头发塑卷。其实古代的人们想要把头发变卷，其中有一个方法就是在头发湿的时候，把它缠绕到一根可以定型的棍子上，然后等待自然风干或烘干，从而来制造出短期的、临时性的卷发，就与现在的吹头发定型相似。从现代理论来分析，头发里面有一种链键组织叫作氢键，氢键遇到水就会断裂开，当水分挥发后，氢键又会重新组合成新的形状，从而让头发暂时性的变卷。古代的人们，早就掌握了让头发变卷的原理（图6-4、图6-5）。

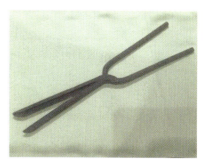

图 6-4　古代卷发工具　　　　　　　　图 6-5　传统火钳

纵观现代卷发，经历了不同的历史发展时期，特别是改革开放以来，人们的审美先后经历了欧美时尚、中国港台、日韩风格的冲击，卷发由单一的满头卷演变得层次纹理更加丰富个性，卷型更加自然柔和。现代发型的塑卷操作讲究高效、科学、健康和环保。

3. 圆滚梳吹卷的工具选择

在吹卷的工具选择上，首选毛滚梳，因为毛滚梳对发片的拉力较强，能够很好地将发片平滑地缠绕在梳子上，经过吹风加热后，使头发由湿变干，重组氢键，形成自然有弹性的卷度。如果选用铁皮滚梳或塑料滚梳来吹中、长头发的卷度，头发不容易缠绕在梳子上，发片的光滑程度将会大打折扣。采用圆滚梳吹卷，一般都会选用直径稍微小一点的，这样会使塑卷的效率更高。

4. 圆滚梳吹卷技术的送风位置

圆滚梳吹卷技术，除选用正确的鬃毛滚梳外，还要注意一个非常重要的技术要点，那就是送风位置（图6-6）。通常，吹风机配合圆滚梳吹卷有三个送风位置：

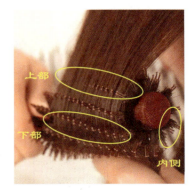

图6-6　圆滚梳吹卷送风位置

（1）第一个位置是圆滚梳的上部，当吹风机送风到圆滚梳上部时，送风角度与发片的夹角较小，有利于吹顺表层的毛鳞片，加上大号滚梳提供的较大接触面，很容易产生平滑的直发效果。所以，吹毛滚梳的上部是吹直发的方法。

（2）第二个位置就是毛滚梳的下部，通常在吹一些卷发弧度时，会吹到这个位置，如果从圆滚梳的上部一直吹到下部，结合圆滚梳的尺寸，就可以在发中和发尾形成一定的弧度走向，所以，吹内扣或反翘就是送风到这两个位置来受热造型的。

（3）第三个重要的位置是圆滚梳的内侧，当圆滚梳缠绕好发片后，对上部、下部、内部进行加热时，发片就会很快速地出卷（图6-7～图6-10）。

图6-7　圆滚梳上部送风位置

图6-8　圆滚梳下部送风位置

图6-9　圆滚梳内侧送风位置

图6-10　冷却定型

5. 送风温度

吹卷发和吹直发不同，吹直发需要高速的强风，其目的是快速带顺头发，吹出光泽度和顺滑感；而吹卷发，则需要高温低速，也就是温度高一点，风柔一点，使整个发卷均匀地受热，这样才能使卷度快速成型。

6. 吹风造型的组合方向

吹风造型的方向控制和电卷棒造型的方向控制在理论上是一致的。不同的是在卷发操作时，卷发工具由电卷棒换成了圆滚梳而已。分别是水平卷入 / 反出、斜向前卷入 / 反出、斜向后卷入 / 反出、垂直向前 / 垂直向后卷发（图 6-11、图 6-12）。

图 6-11　后部吹风卷发控制　　　　图 6-12　侧面吹风卷发控制

6.1.1.5　素养养成

（1）在根据顾客发质特征进行规范卷发吹风造型操作的同时，养成以人为本的服务意识。

（2）在规范使用圆滚梳进行卷发吹风造型的同时，树立积极向上的健康审美观。

（3）在进行圆滚梳吹风造型训练时，树立与时俱进、不断创造美的崇高职业使命感。

操作视频：吹风卷发造型技术解析

6.1.1.6　任务实施

1. 任务分组

学生任务分配表

班级		组号		指导教师	
组长		学号			
组员	姓名	学号		姓名	学号
任务分工					

2. 自主探究

任务工作单 6-1　自主探究 1

组号：＿＿＿＿＿＿＿　　姓名：＿＿＿＿＿＿＿　　学号：＿＿＿＿＿＿＿

引导问题 1：通过网络收集不同卷度和形态的卷发发型图片，分析整理出卷发造型的方向、纹理的相关特点。

方向：

＿＿＿＿＿＿＿＿＿＿＿＿＿＿＿＿＿＿＿＿＿＿＿＿＿＿＿＿＿＿＿＿＿＿＿＿

＿＿＿＿＿＿＿＿＿＿＿＿＿＿＿＿＿＿＿＿＿＿＿＿＿＿＿＿＿＿＿＿＿＿＿＿

＿＿＿＿＿＿＿＿＿＿＿＿＿＿＿＿＿＿＿＿＿＿＿＿＿＿＿＿＿＿＿＿＿＿＿＿

＿＿＿＿＿＿＿＿＿＿＿＿＿＿＿＿＿＿＿＿＿＿＿＿＿＿＿＿＿＿＿＿＿＿＿＿

纹理：

＿＿＿＿＿＿＿＿＿＿＿＿＿＿＿＿＿＿＿＿＿＿＿＿＿＿＿＿＿＿＿＿＿＿＿＿

＿＿＿＿＿＿＿＿＿＿＿＿＿＿＿＿＿＿＿＿＿＿＿＿＿＿＿＿＿＿＿＿＿＿＿＿

＿＿＿＿＿＿＿＿＿＿＿＿＿＿＿＿＿＿＿＿＿＿＿＿＿＿＿＿＿＿＿＿＿＿＿＿

＿＿＿＿＿＿＿＿＿＿＿＿＿＿＿＿＿＿＿＿＿＿＿＿＿＿＿＿＿＿＿＿＿＿＿＿

引导问题 2：根据自身经验和观察对比，分析吹风机吹卷和电卷棒夹卷在造型效果上的不同。

＿＿＿＿＿＿＿＿＿＿＿＿＿＿＿＿＿＿＿＿＿＿＿＿＿＿＿＿＿＿＿＿＿＿＿＿

＿＿＿＿＿＿＿＿＿＿＿＿＿＿＿＿＿＿＿＿＿＿＿＿＿＿＿＿＿＿＿＿＿＿＿＿

＿＿＿＿＿＿＿＿＿＿＿＿＿＿＿＿＿＿＿＿＿＿＿＿＿＿＿＿＿＿＿＿＿＿＿＿

＿＿＿＿＿＿＿＿＿＿＿＿＿＿＿＿＿＿＿＿＿＿＿＿＿＿＿＿＿＿＿＿＿＿＿＿

引导问题 3：阐述吹风卷发造型的效果特点。

＿＿＿＿＿＿＿＿＿＿＿＿＿＿＿＿＿＿＿＿＿＿＿＿＿＿＿＿＿＿＿＿＿＿＿＿

＿＿＿＿＿＿＿＿＿＿＿＿＿＿＿＿＿＿＿＿＿＿＿＿＿＿＿＿＿＿＿＿＿＿＿＿

＿＿＿＿＿＿＿＿＿＿＿＿＿＿＿＿＿＿＿＿＿＿＿＿＿＿＿＿＿＿＿＿＿＿＿＿

＿＿＿＿＿＿＿＿＿＿＿＿＿＿＿＿＿＿＿＿＿＿＿＿＿＿＿＿＿＿＿＿＿＿＿＿

组号：_____   姓名：_____   学号：_____

引导问题：小组根据教师引导和个人自主收集的资料进行分析，以 PPT 的形式图文并茂地分析出吹风卷发造型的效果特征和风格特点。

吹风卷发	造型与形态	纹理与流向
效果呈现		

吹风卷发	风格特点	适合人群
适应性		发质
		发长
		头型

3. 合作研学

任务工作单 6-3　合作研学

组号：＿＿＿＿＿＿　姓名：＿＿＿＿＿＿　学号：＿＿＿＿＿＿

合作研学步骤 1：小组交流讨论，教师参与，小组代表分享 PPT，分析吹风卷发的特点，并讨论吹风卷发的操作方法。

吹风卷发	特征	风格	适应性
小组讨论与总结			

合作研学步骤 2：基础水平位吹风卷发的操作手法探究。

操作手法	基础水平位吹风卷发
头部位置	
分区	
分份	
工具摆放	
提升角度	
身体站位	
送风位置	

4.展示赏学

组号：_____　　姓名：_____　　学号：_____

展示赏学步骤1：借鉴每组经验，进一步优化完善基础水平吹风卷发手法的认知，每小组推荐一名代表来分享小组学习体会。

吹风卷发	特征	风格	适应性
小组讨论与总结			

展示赏学步骤2：尝试操作基础水平吹风卷发的发片控制，并总结归纳相关操作技术要领。

操作手法	基础水平位吹风卷发
头部位置	
分区	
分份	
工具摆放	
提升角度	
身体站位	
送风位置	

展示赏学步骤3：总结归纳在操作中遇到的问题。

_____

_____

_____

_____

6.1.1.7 评价反馈

任务工作单 6-5　个人自评表

组号：＿＿＿＿＿＿　　姓名：＿＿＿＿＿＿　　学号：＿＿＿＿＿＿

班级		组名		日期	
评价指标	评价内容			分数	分数评定
信息检索	能有效利用网络、图书资源查找有用的相关信息等；能将查到的信息有效地传递到学习中			10分	
感知课堂生活	理解行业特点，认同工作价值；在学习中能获得满足感			10分	
参与态度	积极主动与教师、同学交流，相互尊重、理解、平等；与教师、同学之间能够保持多向、丰富、适宜的信息交流			10分	
	能处理好合作学习和独立思考的关系，做到有效学习；能提出有意义的问题或能发表个人见解			10分	
知识获得	1.了解圆滚梳的构造与使用原理			10分	
	2.掌握圆滚梳上卷原理			10分	
	3.具备规范使用圆滚梳进行卷发吹风造型的能力			10分	
	4.具备根据发质和顾客特点选择卷度的能力			10分	
思维态度	能发现问题、提出问题、分析问题、解决问题、创新问题			10分	
自评反馈	按时按质完成任务；较好地掌握了知识点；具有较强的信息分析能力和理解能力；具有较为全面严谨的思维能力并能条理清楚地表达成文			10分	
自评分数					
有益的经验和做法					
总结反馈建议					

任务工作单6-6 小组内互评验收表

组号：_____ 姓名：_____ 学号：_____

验收组长		组名		日期	
组内验收成员					
任务要求	完成并熟练掌握吹风卷发造型组合相关的服务流程和技术的解析				
验收文档清单	被验收者任务工作单6-1 被验收者任务工作单6-2 被验收者任务工作单6-3 被验收者任务工作单6-4 文献检索清单				

	评分标准	分数	得分
验收评分	理解并掌握圆滚梳的构造与使用原理，错1处扣3分	20分	
	掌握圆滚梳上卷原理，错1处扣3分	20分	
	具备规范使用圆滚梳进行卷发吹风造型的能力，错1处扣3分	20分	
	具备根据发质和顾客特点选择卷度的能力，错1处扣3分	20分	
	具备以人为本的服务意识，具有积极向上的健康审美观。具有与时俱进，不断创造美的崇高职业使命感，不少于4项，缺1项扣5分	20分	
评价分数			
不足之处			

任务工作单6-7　小组间互评表

被评组号：＿＿＿＿＿＿＿＿＿＿＿＿＿

班级		评价小组		日期	
评价指标	评价内容			分数	分数评定
汇报表述	表述准确			15分	
	语言流畅			10分	
	准确反映各组完成情况			15分	
内容正确度	理论正确			30分	
	操作规范			30分	
互评分数					
简要评述					

组号：_____   姓名：_____   学号：_____

任务名称	吹风卷发造型组合相关的服务流程和技术的解析		总得分		
评价依据	学生完成的任务工作单 6-1、任务工作单 6-4				
序号	任务内容及要求		配分	评分标准	教师评价
					结论 / 得分
1	能理解圆滚梳的构造与使用原理	（1）描述正确	10 分	缺 1 个要点扣 1 分	
		（2）语言表达流畅	10 分	酌情赋分	
2	能掌握圆滚梳上卷原理	（1）描述正确	10 分	缺 1 个要点扣 1 分	
		（2）语言表达流畅	10 分	酌情赋分	
3	具备规范使用圆滚梳进行卷发吹风造型的能力	（1）理论完整准确	10 分	缺 1 个要点扣 2 分	
		（2）实操规范科学	10 分	酌情赋分	
4	具备根据发质和顾客特点选择卷度的能力	（1）理论完整准确	10 分	缺 1 个要点扣 2 分	
		（2）实操规范科学	10 分	酌情赋分	
5	素养评价	（1）沟通交流能力	20 分	酌情赋分，但违反课堂纪律，不听从组长、教师安排，不得分	
		（2）团队合作			
		（3）课堂纪律			
		（4）合作探学			
		（5）自主研学			
		（6）具备以人为本的服务意识			
		（7）具有积极向上的健康审美观			
		（8）具有与时俱进的创新精神			
		（9）具有不断创造美的崇高职业使命感			

任务 6.1.2　吹风矫正服务流程与技术解析

6.1.2.1　任务描述

完成对发根吹风矫正的服务理解和技术解析，并完成任务工单。

6.1.2.2　学习目标

1. 知识目标

（1）了解并掌握人体头部骨骼的生长特征。

（2）了解常见的顶部发根流向。

2. 能力目标

（1）规范使用排骨梳抓提发根。

（2）规范使用圆滚梳进行发根提升。

3. 素养目标

（1）培养敢于打破常规的精神。

（2）培养冲破束缚、不惧艰难、逆流而上、敢于突破自我的
精神品质。

微课：吹风矫正
服务流程与技术
解析（一）

6.1.2.3　学习重点难点

1. 重点

吹风机和圆滚梳配合进行发根提升技术。

2. 难点

内圈发根矫正位置的送风控制。

微课：吹风矫正
服务流程与技术
解析（二）

6.1.2.4　相关知识链接

1. 吹风矫正技术的概念

吹风矫正是指运用吹风机造型的原理，在发根处去改变头发流向的一种方法，以制造出发根蓬松、饱满、统一方向等效果。从定义上可以看出，吹风矫正的重点实施部位在于发根。

2. 吹风矫正技术的运用和适应性

在实际操作时，常常会遇到一些特殊的情况，例如，一些细软塌陷的发质在自然状态下，常常是服贴在头皮上的，由于这类发质非常细软，整体发量就显得很少了，所以，很多爱美的女士们都会想出各种办法，来使发根产生蓬松感与空间感，最常见的一些方法如下：使用玉米须夹板，在内层头发的发根处，进行玉米须造型，然后利用表层的头发进行遮盖，从而形成蓬松效果，再如，有人还会用到倒梳的方式，来达到蓬松的效果。又如，这几年比较流行的发根蓬松烫，利用专门的模具，提升发根的角度，以达到蓬松效果。再如，还有人会往头发里面放置假发，以达到饱满发量的效果。

那么，吹风矫正技术，就是要在发根处采用吹风造型的方式，来产生蓬松感和空间感，所以，有的人也将这样的技术叫作发根蓬松技术，其技术要点就是通过一定角度的提升，使发根处在一定的温度和拉力下产生弧度，从而达到蓬松的效果，当然，这样的

技术不仅适用于细软发质，任何发质都可以使用，所以，任何一款造型，特别是在细软发质上做造型，如果在发型的内圈没有形成一定的饱满度，整体造型的效果都会缺乏灵动性而显得特别死板。所以，只有通过发根矫正技术，使头发蓬松，才能让发型的底座更加稳定，发干和发尾的造型才能更好地去展现纹理和质感。

另一种情况，就是非椭圆的头型轮廓。头型的轮廓可分为内轮廓线和外轮廓线。其中，外轮廓线呈现的是发型的外形，它是一款发型体量的表现，发型的外形轮廓可以呈现出圆形的、椭圆形的、方形的、三角形的、菱形的等，从审美的角度出发，椭圆形的发型外形轮廓是被大多数人接受和喜欢的，如果不是椭圆形的外形轮廓，就要通过造型的方式去改变矫正。外形轮廓又称为外形轮廓线，顾名思义，就是一款发型的轮廓所形成的线条。这个线条决定了发型的整体形状好不好看，从人的直接感受就是这款发型外形的美感，所以，好看的发型，最直观的感受就是这个轮廓线了。有的人做完头发后，觉得不适合自己了，或者觉得夸张了，或者觉得头变大了，或者显小了，或者头变方了等，都是因为人们看到了这个最直观的外轮廓线的原因。从发型的审美气场上看，发型内圈呈现不塌陷、饱满的外形轮廓，所以，爱美的女士们就想到了各种各样的方法，往头发里面加东西，把一些发包、发卡、发片、气垫等，悄悄地隐藏在内层的头发里面，使这个发型从外轮廓看起来很饱满。

3. 吹风矫正的方法

在头型自然扁平的地方，利用吹风机的热塑原理，通过大角度提升，产生稳定的发根支撑，如方形的头型，需要在头顶去制造饱满效果，两侧自然蓬松，并弱化头型两侧的转角线条，使最后的整体外形轮廓接近椭圆。再如，菱形的头型就需要在头顶两侧进行饱满提升，以达到椭圆的外形轮廓（图6-13、图6-14）。

图6-13　侧面高角度提升矫正　　　　　　图6-14　头顶部高角度提升矫正

4. 发根矫正与毛流方向

头发生长流向的杂乱是一种经常会遇到的情况。头发一般是略带倾斜角度生长的，每个人的头顶都有一个或多个呈螺旋形的发旋。发旋倾斜角度和方向因发根位置不同而各有差异，围绕着发旋，头发呈现"伞状"散开，在头顶区域，头发的生长方向偏向于前额，在两侧和枕骨区域头发则从上向下生长。但是，有一些人的头发，生长角度却不遵循这样的规律。例如，有的人两侧的头发、分份线周围的头发会呈现出错乱的生长角度，这就需要采用发根矫正的技术，对头发施加一定的拉力，在温度可控的情况下，采用压、提、推、拉等方式进行矫正（图6-15~图6-18）。

图 6-15 "压"的手法

图 6-16 "提"的手法

图 6-17 "推"的手法

图 6-18 "拉"的手法

5. 刘海区的吹风矫正

刘海区的吹风造型是非常考验发型师的技术的。刘海区的造型变化非常多，从发根矫正的角度，应该遵循头发的自然流向，在满足设计需求的情况下，尽量做到发根处发量分配均匀，角度自然一致。如八字刘海、空气刘海，发片的发量要均匀，流向要舒展（图 6-19～图 6-22）。

图 6-19 刘海发根提拉

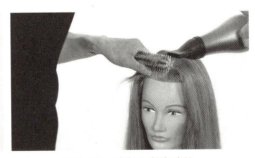

图 6-20 刘海入卷外送风

图 6-21 刘海入卷内送风

图 6-22 刘海流向控制

6. 操作方法

可以从五个要素来剖析，分别是工具控制、提拉方向、送风位置、温度控制和流向控制。

（1）工具控制。经常使用的吹风矫正工具是圆滚梳和排骨梳。圆滚梳矫正的基本技巧是利用工具自身的弧度来制造头发内层的空间感。同时，因为圆滚梳在卷发时，能产生较大的拉力，所以，头发定型后的弹性较好。而排骨梳更多的是利用抓、提等手法去控制发根，以达到矫正发根角度的作用。当下常见的发根矫正技术主要还是围绕圆滚梳来进行。

（2）提拉方向。提拉方向包含两层含义，一个是提拉；另一个是方向。提拉产生角度，方向重在矫正，通常，越靠近头顶的位置，提升角度越高，从低度的提升，到中等的提升，再到高度的提升，逐步变化，在头顶的位置，通常还会采用超过 90° 的提升。逐渐提升的角度，会使矫正后的外形轮廓更加自然饱满。同时，在提拉过程中还需要注意灵活运用推和卷的手法，来增强拉力，以达到良好的矫正效果，同时，还要注意头发自然的生长方向，利用梳子的不同摆放方向、逆向发根的生长方向来改善头发先天的不足（图6-23）。

（3）送风位置。送风位置是发根矫正技术中最难控制的。从理论上讲，送风位置需要直达发根，但是，由于发根接近头皮，而吹风过程中产生的高温，会使顾客难以承受。我们在操作吹发根时，稍微不注意，就会烫到顾客，所以，送风位置的精准更需要操作者熟练掌握自己使用的吹风机和梳子的特性，经过反复训练，掌握合理的送风角度，使温度均匀地传送到发根而不会烫到顾客。所以，在操作时，会压低吹风机，使热风掠过发根处，而不是直直地送风到发根。

在吹风造型技术中，通常存在六个送风位置，如图6-24所示。

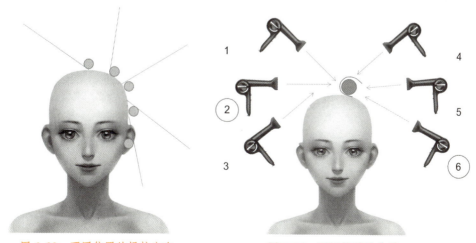

图6-23　不同位置的提拉方向　　　　图6-24　不同的送风位置

其中，只有两个送风位置才是正确的。从1号位置开始，1号吹风位置，是从头顶开始，从上而下送风，温度聚集在发根处，虽然能够快速地使发根部位受热塑形，但是，温度不能快速消散，高温会烫到顾客头皮，所以这个位置是错误的。3号位置，送风的角度是在发片的外侧，风力掠过头皮，水平穿过发片，既能够有效地加温塑形，又不会在发根处形成高温，所以，这个位置是发片外侧送风的最佳位置。3号位置，送风角度偏低，虽然最安全，不会烫到顾客，但是，温度却没有送达发根，起不到有效的塑形效果，在另一侧，4、5、6号位置是发片内侧加热的位置，4号送风位置和1号位置一样，送风后温度直达发根，头皮会非常烫，容易烫伤顾客，5号位置采用水平送风，但是因为是在发片内侧加温，温度会在发根处聚集，同样会产生高温，容易烫伤顾客，6号位置，在内侧加温时，送风角度稍微上扬，使热风从内而外穿过发片，贴着头皮穿透过去，既能够使内侧发片受热塑形，形成支撑，又不会烫到头皮，所以，6号送风位置也是科学的。

综上所述，2号和6号位置才是最佳送风位置，可以很好地进行内外加热，而不会产生高温烫到顾客。

（4）温度控制。当然，精准的送风位置，并不意味着可以随意调高温度，在吹风机的温度控制上，要采用低温的方式进行操作，过高的温度作用在发根，会使顾客产生烧灼感，让服务体验大打折扣。我们要时刻遵循以人为本的理念，在满足顾客审美需求的同时，提升服务体验感，这也是评价发型设计服务质量的一个标准。

（5）流向控制。发根矫正技术还需要进行流向控制。所谓的流向控制，其实就是之前所学习到的发干纹理造型，到底是应该将这个梳理方向梳到哪里，确定好一个方向，就可以进行发干部分的造型了。这里，我们可以按照电卷棒造型的方向性技巧来融会贯通。

操作视频：吹风矫正技术解析

6.1.2.5 素养养成

（1）在进行发根矫正技术学习时，培养敢于打破常规的精神。

（2）在理解发根矫正的技术要点时，培养冲破束缚、不惧艰难、逆流而上、敢于突破自我的精神品质。

6.1.2.6 任务实施

1. 任务分组

学生任务分配表

班级		组号		指导教师	
组长		学号			
组员	姓名	学号		姓名	学号
任务分工					

2. 自主探究

任务工作单 6-9　自主探究 1

组号：＿＿＿＿＿＿　　姓名：＿＿＿＿＿＿　　学号：＿＿＿＿＿＿

引导问题 1：通过网络收集不同方向和纹理效果的发根蓬松效果图片，分析整理出发根矫正完成后的发型特点。

形态：

＿＿＿＿＿＿＿＿＿＿＿＿＿＿＿＿＿＿＿＿＿＿＿＿＿＿＿＿＿＿＿＿

＿＿＿＿＿＿＿＿＿＿＿＿＿＿＿＿＿＿＿＿＿＿＿＿＿＿＿＿＿＿＿＿

＿＿＿＿＿＿＿＿＿＿＿＿＿＿＿＿＿＿＿＿＿＿＿＿＿＿＿＿＿＿＿＿

＿＿＿＿＿＿＿＿＿＿＿＿＿＿＿＿＿＿＿＿＿＿＿＿＿＿＿＿＿＿＿＿

流向：

＿＿＿＿＿＿＿＿＿＿＿＿＿＿＿＿＿＿＿＿＿＿＿＿＿＿＿＿＿＿＿＿

＿＿＿＿＿＿＿＿＿＿＿＿＿＿＿＿＿＿＿＿＿＿＿＿＿＿＿＿＿＿＿＿

＿＿＿＿＿＿＿＿＿＿＿＿＿＿＿＿＿＿＿＿＿＿＿＿＿＿＿＿＿＿＿＿

＿＿＿＿＿＿＿＿＿＿＿＿＿＿＿＿＿＿＿＿＿＿＿＿＿＿＿＿＿＿＿＿

引导问题 2：谈谈发根矫正技术适合什么样的脸型、头型和发质的人群。

＿＿＿＿＿＿＿＿＿＿＿＿＿＿＿＿＿＿＿＿＿＿＿＿＿＿＿＿＿＿＿＿

＿＿＿＿＿＿＿＿＿＿＿＿＿＿＿＿＿＿＿＿＿＿＿＿＿＿＿＿＿＿＿＿

＿＿＿＿＿＿＿＿＿＿＿＿＿＿＿＿＿＿＿＿＿＿＿＿＿＿＿＿＿＿＿＿

＿＿＿＿＿＿＿＿＿＿＿＿＿＿＿＿＿＿＿＿＿＿＿＿＿＿＿＿＿＿＿＿

引导问题 3：论述发根矫正技术要点。

＿＿＿＿＿＿＿＿＿＿＿＿＿＿＿＿＿＿＿＿＿＿＿＿＿＿＿＿＿＿＿＿

＿＿＿＿＿＿＿＿＿＿＿＿＿＿＿＿＿＿＿＿＿＿＿＿＿＿＿＿＿＿＿＿

＿＿＿＿＿＿＿＿＿＿＿＿＿＿＿＿＿＿＿＿＿＿＿＿＿＿＿＿＿＿＿＿

＿＿＿＿＿＿＿＿＿＿＿＿＿＿＿＿＿＿＿＿＿＿＿＿＿＿＿＿＿＿＿＿

任务工作单 6-10　自主探究 2

组号：_____　　姓名：_____　　学号：_____

引导问题：小组根据教师分配的资料和个人自主收集的资料，分别对资料进行分析，以 PPT 的形式图文并茂地分析出不同方向和纹理效果的发根蓬松效果特点。

发根矫正	造型与形态	纹理与流向
效果呈现		

发根矫正	技术手法	适合人群
适应性		头型
		脸型
		发质

3. 合作研学

任务工作单 6-11　合作研学

组号：＿＿＿＿＿＿＿　姓名：＿＿＿＿＿＿＿　学号：＿＿＿＿＿＿＿

合作研学步骤1：小组交流讨论，教师参与，小组代表分享PPT，分析发根矫正技术的特点，并讨论发根矫正技术的操作方法。

发根	特征	适应性	技术运用论述
小组讨论与总结			

合作研学步骤2：发根矫正技术操作方法探究。

发根矫正	操作方法与要素分析
工具控制	
提拉方向	
送风位置	
温度控制	
流向控制	

4.展示赏学

任务工作单 6-12　展示赏学

组号：_____　　姓名：_____　　学号：_____

展示赏学步骤 1：借鉴每组经验，进一步优化完善分析发根矫正技术的特点，并讨论发根矫正技术的操作方法。每小组推荐一名代表来分享小组学习体会。

斜向前反出	特征	适应性	技术运用论述
小组讨论与 总结			

展示赏学步骤 2：尝试操作运用发根矫正技术，并总结归纳操作方法与要素分析。

发根矫正	操作方法与要素分析
工具控制	
提拉方向	
送风位置	
温度控制	
流向控制	

展示赏学步骤 3：总结归纳在操作中遇到的问题。

_____

_____

_____

_____

6.1.2.7 评价反馈

任务工作单6-13 个人自评表

组号：＿＿＿＿＿＿ 姓名：＿＿＿＿＿＿ 学号：＿＿＿＿＿＿

班级		组名		日期	
评价指标	评价内容			分数	分数评定
信息检索	能有效利用网络、图书资源查找有用的相关信息等；能将查到的信息有效地传递到学习中			10分	
感知课堂生活	理解行业特点，认同工作价值；在学习中能获得满足感			10分	
参与态度	积极主动与教师、同学交流，相互尊重、理解、平等；与教师、同学之间能够保持多向、丰富、适宜的信息交流			10分	
	能处理好合作学习和独立思考的关系，做到有效学习；能提出有意义的问题或能发表个人见解			10分	
知识获得	1. 了解并掌握人体头部骨骼的生长特征			10分	
	2. 了解常见的顶部发根流向			10分	
	3. 具备规范使用排骨梳抓提发根的能力			10分	
	4. 具备规范使用圆滚梳进行发根提升的能力			10分	
思维态度	能发现问题、提出问题、分析问题、解决问题、创新问题			10分	
自评反馈	按时按质完成任务；较好地掌握了知识点；具有较强的信息分析能力和理解能力；具有较为全面严谨的思维能力并能条理清楚地表达成文			10分	
自评分数					
有益的经验和做法					
总结反馈建议					

任务工作单 6-14 小组内互评验收表

组号：_____ 姓名：_____ 学号：_____

验收组长		组名		日期	
组内验收成员					
任务要求	完成并熟练掌握吹风矫正服务流程与技术解析				
验收文档清单	被验收者任务工作单 6-9 被验收者任务工作单 6-10 被验收者任务工作单 6-11 被验收者任务工作单 6-12 文献检索清单				

验收评分	评分标准	分数	得分
	理解并掌握人体头部骨骼的生长特征，错 1 处扣 3 分	20 分	
	了解常见的顶部发根流向，错 1 处扣 3 分	20 分	
	具备规范使用排骨梳抓提发根的能力，错 1 处扣 3 分	20 分	
	具备规范使用圆滚梳进行发根提升的能力，错 1 处扣 3 分	20 分	
	具有敢于打破常规的精神，具有冲破束缚，不惧艰难，逆流而上，敢于突破自我的精神品质，不少于 4 项，缺 1 项扣 5 分	20 分	

评价分数	
不足之处	

任务工作单 6-15 小组间互评表

被评组号：_____

班级		评价小组		日期	
评价指标	评价内容			分数	分数评定
汇报表述	表述准确			15分	
	语言流畅			10分	
	准确反映各组完成情况			15分	
内容正确度	理论正确			30分	
	操作规范			30分	
互评分数					
简要评述					

任务工作单6-16　任务完成情况评价表

组号：　　　　　　　姓名：　　　　　　　学号：

任务名称		吹风矫正服务流程与技术解析			总得分		
评价依据		学生完成的任务工作单6-9、任务工作单6-12					
序号	任务内容及要求		配分	评分标准	教师评价		
					结论	得分	
1	能理解并掌握人体头部骨骼的生长特征	（1）描述正确	10分	缺1个要点扣1分			
		（2）语言表达流畅	10分	酌情赋分			
2	能了解常见的顶部发根流向	（1）描述正确	10分	缺1个要点扣1分			
		（2）语言表达流畅	10分	酌情赋分			
3	具备规范使用排骨梳抓提发根的能力	（1）理论完整准确	10分	缺1个要点扣2分			
		（2）实操规范科学	10分	酌情赋分			
4	具备规范使用圆滚梳进行发根提升的能力	（1）理论完整准确	10分	缺1个要点扣2分			
		（2）实操规范科学	10分	酌情赋分			
5	素养评价	（1）沟通交流能力	20分	酌情赋分，但违反课堂纪律，不听从组长、教师安排，不得分			
		（2）团队合作					
		（3）课堂纪律					
		（4）合作探学					
		（5）自主研学					
		（6）具有敢于打破常规的精神					
		（7）具有敢于冲破束缚的精神					
		（8）具有不惧艰难、逆流而上的精神					
		（9）具有突破自我的精神品质					

项目 6.2　人物形象电卷棒组合造型卷发服务

通过学习本项目的内容，完成相应的任务，我们会对电卷棒造型手法进行复习与总结，分析头发量感及形态纹理，进一步深刻理解卷发特点，为时尚电卷棒造型打下坚实的基础。

任务　人物形象组合造型卷发服务流程与技术解析

6.2.1.1　任务描述

完成对组合造型技术和相关服务流程的解析，并完成任务工单。

6.2.1.2　学习目标

1. 知识目标

（1）了解电卷棒组合搭配种类。

（2）掌握斜组合造型的各造型流程。

（3）理解什么是 L、C、G、S 纹理形态。

2. 能力目标

（1）能熟练分析任务风格，操作电卷棒进行组合搭配。

（2）能根据顾客需求和风格特征，对组合造型进行个性化打理造型。

（3）能通过组合造型改变头发纹理。

微课：人物形象电卷棒组合造型服务流程与技术解析（一）

3. 素养目标

（1）培养勤于观察思考、分析问题的意识及审美能力。

（2）培养爱岗敬业精神，细心踏实、勇于创新的职业精神。

6.2.1.3　学习重点难点

1. 重点

了解电卷棒三大基础组合技巧，掌握电卷棒组合及操作技巧。

2. 难点

学生分析人物风格特征，运用电卷棒技巧自主进行组合造型。

微课：人物形象电卷棒组合造型服务流程与技术解析（二）

6.2.1.4　相关知识链接

1. 组合造型设计知识

发型设计在整体形象设计中是很重要的，其特征是突出个性。发型千姿百态，一个符合个性气质的发型能够增添个人的风采。组合的设计要因人而异，不能随大流。

2. 组合造型设计要素

（1）发质：发质是指头发的粗细、软硬、多少及健康情况。

（2）发长：发长是指现有的头发长度，发型的组合设计要在现有的头发长度范围内完成。

（3）头型：针对头型的方圆、平尖等作出相适应的调整。

（4）颈长：根据颈部长度作出合适的卷度。

（5）脸型：不同的脸型运用不同的技巧去进行组合夹卷，卷度形状参考扬长避短进行设计。

（6）肩宽：根据肩宽对于发型的外轮廓进行相应的调整。

3. 组合造型设计步骤

（1）了解：在进行组合造型设计前向顾客了解发型要求和愿望。

（2）观察：观察顾客的脸型、头型、五官、发质等外在特征，以及年龄、性格等。

（3）思考：对了解和观察到的结果进行分析，针对顾客的审美原则构思设计方案，快速在头脑中构思大概外形。

（4）沟通：将设计方案与顾客沟通，与顾客达成一致意见。

（5）操作：用八大电卷棒技巧进行操作，呈现设计方案的实际效果。

4. 组合造型设计与性格风格

发型要与性格风格相协调，才能表现和谐美。

（1）性格文静的人：发型以简单为主，选择自然样式的发型，避免张扬凌乱的发型。外线条以柔和为主，不要有棱角，以韩系风格为主呈现自然、优雅温柔的风格，如图6-25所示。

（2）性格开朗、天真的人：发型可选择微动感，偏小"S"形的卷度以日系甜美风格呈现，如图6-26、图6-27所示。

（3）性格豪爽的人：适合富有动感的短发或张扬凌乱的发型，如图6-28、图6-29所示。

图6-25　韩系卷发

图6-26　日系甜美卷发　　图6-27　日系甜美卷发　　图6-28　动感张扬卷发　　图6-29　动感张扬卷发
（一）　　　　　　　　（二）　　　　　　　　（一）　　　　　　　　（二）

5. 电卷棒圈数的概念

圈数的问题，通常采用L、C、G、S来表达，这里的字母并不是说我们卷出来的头发就是这个形状了，只是我们运用一个字母去代替。第一个L型是一个自然的弧度，如果想要达到这样的发型，电卷棒的圈数可以为半圈，也就是0.5圈就可以达到，想要一个 C 型，电卷棒可以达到 0.8 或刚刚 1 圈就可以达到一个大 C，如果想要一个 G 型，发梢都偏进去了，稍微卷一点 1.2 或 1.5 就可以呈现，如果想要一个 S 型就得 2 圈以上，所以在卷头发时，想知道卷出来是什么样的效果，就一定要先去了解圈数，电卷棒卷几圈可以达到什么样的效果都要把它理解清楚（表 6-1）。

表 6-1　电卷棒圈数的认识及组合搭配

圈型	L 型	C 型	G 型	S 型
圈数	0.5	0.8	1.2/1.5	2

6. 电卷棒卷度大小及量感的作用

卷度的大小会改变发型的风格，同时卷度的大小是要根据量感的大小来进行操作的，不同量感的发型最后所呈现的风格如第一款发型，做的卷度比较小给人的感觉可能比较偏动感，更加可爱活泼一些，第二个卷呈现的是中卷，给人的感觉会更加偏优雅型，第三个卷，它呈现出来的效果是比较偏大卷，当卷过于大时呈现的风格会更往偏向于大气或浪漫中去。除卷度的大小外，还有卷的多少、卷度的高低都是一款造型重要的因素，卷的多与少是直接取决于发型的一个质感的问题，卷度越少，那么整个头发的质感就会越好；卷度越多，整个头发的质感也就会变得更加偏弱，同理，卷度少一些会更贴近生活化的发型，卷度比较多的头发会更贴近于一些做视觉或做一些发型拍摄的效果，总的来说，卷度的多少除年龄感外，同样卷度的多与少会直接改变整个头发的质感。

卷度的高低在造型中可分为高、中、低三种不同的方式。

低起卷（图 6-30）：会让整个发型看上去会更加偏自然，更加偏柔和。所谓的低起卷，其实就是将我们所有发型的起跨点控制在 1/3 处的地方甚至可以再往下一点，也就是刚刚所说的 L、C、G、S 中的 L 型。

中起卷（图 6-31）：中起卷呈现的发型会更加偏女性，更加优雅的风格多一些。中起卷一般是控制在头发的 1/2 处。

高起卷（图 6-32）：高起卷的发型，给人的感觉会更偏向于热情，更偏向于动感。高起卷是将所有发型的起跨点设定在 2/3 处甚至可以在 2/3 处以上的一个点。

图 6-30　低起卷　　图 6-31　中起卷　　图 6-32　高起卷

7.组合造型常见的搭配方式

组合造型常见的搭配方式见表6-2。

表6-2　组合造型常见的搭配方式

水平卷入 + 水平反出
斜向前卷入 + 斜向前反出
斜向后卷入 + 斜向后反出
垂直向前 + 垂直向后

注意：在搭配组合技巧时，要记住一个增加头发重量，一个减少头发重量，如：斜向前卷入 + 斜向前反出，斜向前卷入增加重量，斜向前反出减少重量；斜向后卷入 + 斜向后反出，斜向后卷入增加重量，斜向后反出减少重量；水平卷入 + 水平反出，水平卷入增加重量，水平反出减少重量，所以可以互相结合，在做组合造型时方向一定要相同，一个手法与另一个手法之间要有一个连接点。

操作视频：人物形象电卷棒组合造型技术解析

6.2.1.5　素养养成

（1）培养勤于观察思考、分析问题的意识及审美能力。

（2）通过观察和交流的方式，在收集被设计对象信息的过程中，养成专业而有效的沟通交流能力。

（3）培养爱岗敬业精神，细心踏实、勇于创新的职业精神。

6.2.1.6 任务实施

1. 任务分组

学生任务分配表

班级		组号		指导教师	
组长		学号			
组员	姓名	学号		姓名	学号
任务分工					

2. 自主探究

组号：＿＿＿＿＿＿＿　　姓名：＿＿＿＿＿＿＿　　学号：＿＿＿＿＿＿＿

引导问题 1：通过网络收集不同方向的组合造型发型图片，分析整理出组合造型的种类及特点。

形态：

＿＿＿＿＿＿＿＿＿＿＿＿＿＿＿＿＿＿＿＿＿＿＿＿＿＿＿＿＿＿＿＿＿＿＿＿＿

＿＿＿＿＿＿＿＿＿＿＿＿＿＿＿＿＿＿＿＿＿＿＿＿＿＿＿＿＿＿＿＿＿＿＿＿＿

＿＿＿＿＿＿＿＿＿＿＿＿＿＿＿＿＿＿＿＿＿＿＿＿＿＿＿＿＿＿＿＿＿＿＿＿＿

＿＿＿＿＿＿＿＿＿＿＿＿＿＿＿＿＿＿＿＿＿＿＿＿＿＿＿＿＿＿＿＿＿＿＿＿＿

流向：

＿＿＿＿＿＿＿＿＿＿＿＿＿＿＿＿＿＿＿＿＿＿＿＿＿＿＿＿＿＿＿＿＿＿＿＿＿

＿＿＿＿＿＿＿＿＿＿＿＿＿＿＿＿＿＿＿＿＿＿＿＿＿＿＿＿＿＿＿＿＿＿＿＿＿

＿＿＿＿＿＿＿＿＿＿＿＿＿＿＿＿＿＿＿＿＿＿＿＿＿＿＿＿＿＿＿＿＿＿＿＿＿

＿＿＿＿＿＿＿＿＿＿＿＿＿＿＿＿＿＿＿＿＿＿＿＿＿＿＿＿＿＿＿＿＿＿＿＿＿

引导问题 2：谈谈水平组合造型适合什么样脸型、头型和发质的人群。

＿＿＿＿＿＿＿＿＿＿＿＿＿＿＿＿＿＿＿＿＿＿＿＿＿＿＿＿＿＿＿＿＿＿＿＿＿

＿＿＿＿＿＿＿＿＿＿＿＿＿＿＿＿＿＿＿＿＿＿＿＿＿＿＿＿＿＿＿＿＿＿＿＿＿

＿＿＿＿＿＿＿＿＿＿＿＿＿＿＿＿＿＿＿＿＿＿＿＿＿＿＿＿＿＿＿＿＿＿＿＿＿

＿＿＿＿＿＿＿＿＿＿＿＿＿＿＿＿＿＿＿＿＿＿＿＿＿＿＿＿＿＿＿＿＿＿＿＿＿

引导问题 3：论述水平卷入和反出组合造型发型风格。

＿＿＿＿＿＿＿＿＿＿＿＿＿＿＿＿＿＿＿＿＿＿＿＿＿＿＿＿＿＿＿＿＿＿＿＿＿

＿＿＿＿＿＿＿＿＿＿＿＿＿＿＿＿＿＿＿＿＿＿＿＿＿＿＿＿＿＿＿＿＿＿＿＿＿

＿＿＿＿＿＿＿＿＿＿＿＿＿＿＿＿＿＿＿＿＿＿＿＿＿＿＿＿＿＿＿＿＿＿＿＿＿

＿＿＿＿＿＿＿＿＿＿＿＿＿＿＿＿＿＿＿＿＿＿＿＿＿＿＿＿＿＿＿＿＿＿＿＿＿

＿＿＿＿＿＿＿＿＿＿＿＿＿＿＿＿＿＿＿＿＿＿＿＿＿＿＿＿＿＿＿＿＿＿＿＿＿

任务工作单 6-18 自主探究 2

组号：_____ 姓名：_____ 学号：_____

引导问题：小组根据教师分配的资料和个人自主收集的资料，分别对资料进行分析，以 PPT 的形式图文并茂地分析出组合造型相关发型的效果特征和风格特点。

电卷棒 组合造型	造型与形态	纹理与流向
效果呈现		

电卷棒 组合造型	风格特点	适合人群
适应性		头型
		脸型
		发质

3. 合作研学

组号：＿＿＿＿＿＿　　姓名：＿＿＿＿＿＿　　学号：＿＿＿＿＿＿

合作研学步骤1：小组交流讨论，教师参与，小组代表分享PPT，分析斜向前卷入的特点，并讨论斜向前卷入的操作方法。

电卷棒组合造型	特征	风格	适应性
小组讨论与总结			

合作研学步骤2：斜向后卷入＋斜向后反出的操作手法探究。

操作手法	
头部位置	
分区	
工具摆放	
分份	
发尾控制	
提升角度	
身体站位	

4. 展示赏学

任务工作单 6-20　展示赏学

组号：＿＿＿＿＿＿＿　　姓名：＿＿＿＿＿＿＿　　学号：＿＿＿＿＿＿＿

展示赏学步骤 1： 借鉴每组经验，进一步优化完善斜向后卷入＋斜向后反出手法的认知，每小组推荐一名代表来分享小组学习体会。

电卷棒 组合造型	特征	风格	适应性
小组讨论与 总结			

展示赏学步骤 2： 尝试操作斜向后卷入＋斜向后反出发片，并总结归纳相关操作技术要领。

操作手法	
头部位置	
分区	
工具摆放	
分份	
发尾控制	
提升角度	
身体站位	

展示赏学步骤 3： 总结归纳在操作中遇到的问题。

＿＿＿＿＿＿＿＿＿＿＿＿＿＿＿＿＿＿＿＿＿＿＿＿＿＿＿＿＿＿＿＿＿＿＿＿

＿＿＿＿＿＿＿＿＿＿＿＿＿＿＿＿＿＿＿＿＿＿＿＿＿＿＿＿＿＿＿＿＿＿＿＿

＿＿＿＿＿＿＿＿＿＿＿＿＿＿＿＿＿＿＿＿＿＿＿＿＿＿＿＿＿＿＿＿＿＿＿＿

＿＿＿＿＿＿＿＿＿＿＿＿＿＿＿＿＿＿＿＿＿＿＿＿＿＿＿＿＿＿＿＿＿＿＿＿

6.2.1.7 评价反馈

任务工作单 6-21 个人自评表

组号：_____ 姓名：_____ 学号：_____

班级		组名		日期	
评价指标	评价内容			分数	分数评定
信息检索	能有效利用网络、图书资源查找有用的相关信息等；能将查到的信息有效地传递到学习中			10分	
感知课堂生活	理解行业特点，认同工作价值；在学习中能获得满足感			10分	
参与态度	积极主动与教师、同学交流，相互尊重、理解、平等；与教师、同学之间能够保持多向、丰富、适宜的信息交流			10分	
	能处理好合作学习和独立思考的关系，做到有效学习；能提出有意义的问题或能发表个人见解			10分	
知识获得	1. 理解电卷棒组合搭配种类效果			10分	
	2. 掌握 L、C、G、S 纹理形态			10分	
	3. 具备熟练分析任务风格，运用电卷棒进行组合搭配的操作能力			10分	
	4. 具备根据顾客需求和风格特征，对组合造型进行个性化打理造型的能力			10分	
思维态度	能发现问题、提出问题、分析问题、解决问题、创新问题			10分	
自评反馈	按时按质完成任务；较好地掌握了知识点；具有较强的信息分析能力和理解能力；具有较为全面严谨的思维能力并能条理清楚地表达成文			10分	
自评分数					
有益的经验和做法					
总结反馈建议					

任务工作单 6-22　小组内互评验收表

组号：_____　　姓名：_____　　学号：_____

验收组长		组名		日期	
组内验收成员					
任务要求	完成并熟练掌握人物组合造型卷发服务流程与技术解析				
验收文档清单	被验收者任务工作单 6-17 被验收者任务工作单 6-18 被验收者任务工作单 6-19 被验收者任务工作单 6-20 文献检索清单				

验收评分	评分标准	分数	得分
	理解组合发型方向所产生的造型效果，错 1 处扣 3 分	20 分	
	掌握电卷棒组合搭配流程，错 1 处扣 3 分	20 分	
	具备熟练运用电卷棒进行组合造型的能力，错 1 处扣 3 分	20 分	
	具备根据顾客需求和发质情况，对组合造型进行个性化打理造型的能力，错 1 处扣 3 分	20 分	
	具有爱岗敬业精神；细心踏实、团结合作、勇于创新的职业精神，不少于 4 项，缺 1 项扣 5 分	20 分	

评价分数	

不足之处	

任务工作单 6-23　小组间互评表

被评组号：_____

班级		评价小组		日期	
评价指标		评价内容		分数	分数评定
汇报 表述		表述准确		15分	
		语言流畅		10分	
		准确反映各组完成情况		15分	
内容 正确度		理论正确		30分	
		操作规范		30分	
互评分数					
简要评述					

任务工作单6-24　任务完成情况评价表

组号：＿＿＿＿＿＿　姓名：＿＿＿＿＿＿　学号：＿＿＿＿＿＿

任务名称		人物组合造型卷发服务流程与技术解析		总得分		
评价依据		学生完成的任务工作单6-17、任务工作单6-20				
序号	任务内容及要求		配分	评分标准	教师评价	
					结论	得分
1	理解电卷棒组合搭配种类	（1）描述正确	10分	缺1个要点扣1分		
		（2）语言表达流畅	10分	酌情赋分		
2	理解什么是L、C、G、S纹理形态	（1）描述正确	10分	缺1个要点扣1分		
		（2）语言表达流畅	10分	酌情赋分		
3	具备熟练分析任务风格，运用电卷棒进行组合搭配的操作能力	（1）理论完整准确	10分	缺1个要点扣2分		
		（2）实操规范科学	10分	酌情赋分		
4	具备根据顾客需求和发质情况，对组合造型进行个性化打理造型的能力	（1）理论完整准确	10分	缺1个要点扣2分		
		（2）实操规范科学	10分	酌情赋分		
5	素养评价	（1）沟通交流能力	20分	酌情赋分，但违反课堂纪律，不听从组长、教师安排，不得分		
		（2）团队合作				
		（3）课堂纪律				
		（4）合作探学				
		（5）自主研学				
		（6）善于思考				
		（7）具有正确的审美和价值观				
		（8）具有爱岗敬业、细心踏实、勇于创新的职业精神				

参 考 文 献

［1］中国就业培训技术指导中心. 美发师（基础知识）［M］.2版. 北京：中国劳动社会保障出版社，2012.

［2］中国就业培训技术指导中心. 美发师（初级）［M］.2版. 北京：中国劳动社会保障出版社，2012.

［3］中国就业培训技术指导中心. 美发师（中级）［M］.2版. 北京：中国劳动社会保障出版社，2012.

［4］中国就业培训技术指导中心. 美发师（高级）［M］.2版. 北京：中国劳动社会保障出版社，2012.

［5］中国就业培训技术指导中心. 美发师（技师、高级技师）［M］.2版. 北京：中国劳动社会保障出版社，2012.

［6］税明丽，许小东. 人物形象设计基础［M］. 北京：北京理工大学出版社，2022.